Sandro Lino Moreira de Queiroga

Princípios de
REFRIGERAÇÃO E AR CONDICIONADO

Sandro Lino Moreira de Queiroga

Princípios de
REFRIGERAÇÃO E AR CONDICIONADO

Princípios de Refrigeração e Ar Condicionado

Copyright© Editora Ciência Moderna Ltda., 2019

Todos os direitos para a língua portuguesa reservados pela EDITORA CIÊNCIA MODERNA LTDA.

De acordo com a Lei 9.610, de 19/2/1998, nenhuma parte deste livro poderá ser reproduzida, transmitida e gravada, por qualquer meio eletrônico, mecânico, por fotocópia e outros, sem a prévia autorização, por escrito, da Editora.

Editor: Paulo André P. Marques
Produção Editorial: Dilene Sandes Pessanha
Capa: Daniel Jara
Diagramação: Daniel Jara
Copidesque: Equipe Ciência Moderna

Várias **Marcas Registradas** aparecem no decorrer deste livro. Mais do que simplesmente listar esses nomes e informar quem possui seus direitos de exploração, ou ainda imprimir os logotipos das mesmas, o editor declara estar utilizando tais nomes apenas para fins editoriais, em benefício exclusivo do dono da Marca Registrada, sem intenção de infringir as regras de sua utilização. Qualquer semelhança em nomes próprios e acontecimentos será mera coincidência.

FICHA CATALOGRÁFICA

QUEIROGA, Sandro Lino Moreira.

Princípios de Refrigeração e Ar Condicionado

Rio de Janeiro: Editora Ciência Moderna Ltda., 2019.

1. Engenharia Mecânica
I — Título

ISBN: 978-85-399-1005-2

CDD 620.1

Editora Ciência Moderna Ltda.
R. Alice Figueiredo, 46 – Riachuelo
Rio de Janeiro, RJ – Brasil   CEP: 20.950-150
Tel: (21) 2201-6662/ Fax: (21) 2201-6896
E-MAIL: LCM@LCM.COM.BR
WWW.LCM.COM.BR

Prefácio

Dentro da engenharia mecânica, a refrigeração é uma área com maior possibilidade do profissional ser empreendedor, seja ele engenheiro com sua empresa de projeto, ou o pequeno instalador que monta sua empresa de manutenção sem muito investimento inicial.

Quando se inicia a vida profissional na área de projetos de refrigeração, os jovens profissionais se deparam com algumas dificuldades como a carência de livros com informações técnicas de componentes e referências de fabricantes, a maioria das informações está disponível em catálogos técnicos. O estudante desde cedo já deve ser apresentado aos catálogos dos principais fabricantes e selecionar componentes comerciais para minimizar essas dificuldades da vida profissional.

Pensando assim, este livro foi elaborado na intenção de auxiliar estudantes de níveis técnico e superior nesta área, com exemplos de aplicações técnicas e referências a catálogos de fabricantes. Aborda somente a refrigeração por compressão de vapor. Contempla de forma resumida e objetiva os seguintes itens: Parte teórica dos princípios da refrigeração, componentes de um sistema de refrigeração, fluidos de trabalho, sensores e atuadores, instalação de sistemas de ar condicionado com expansão direta e indireta, projetos de instalação, análise de não conformidades em manutenção corretiva, dimensionamento de dutos, resolução de questões de provas de concursos. Procurou-se exemplificar cada assunto com fotos e aplicações práticas.

Espero que este material ajude a todos.
Sandro Lino

Dedico este livro a minha família,
meu filho Lucas, esposa Priscila,
mãe Inez e tia Socorro

Agradecimentos

Agradeço a Deus por ter me dado capacidade de escrever este livro.

Ao amigo José Fábio de Lima Nascimento pela leitura, correção e sugestões dadas a este livro.

Aos amigos, Marcos Dantas dos Santos e Nilton Pereira da Silva, pelas sugestões.

A todos os colegas da Moto Honda da Amazônia, que trabalharam comigo entre os anos de 2006 a 2009, por compartilharem conhecimentos.

Ao IFAM que financiou para mim cursos de capacitação em ar condicionado.

A todos os fabricantes de equipamentos pelas informações que foram citadas neste livro.

Sumário

Capitulo 1 - Definições Importantes **1**

1.1 Temperatura 1
1.2 Lei Zero da Termodinâmica 1
1.3 Pressão 2
1.4 Calor 2
1.5 Trabalho 5
1.6 Primeira Lei da Termodinâmica 5
    1.6.1 Primeira Lei da Termodinâmica para Volume de Controle 6
1.7 Segunda Lei da Termodinâmica 7
1.8 Transferência de Calor 8
1.9 Ciclo de Carnot Aplicado à Refrigeração 9
    1.9.1 Análise do Trabalho e Transferência de Calor nos Componentes do Ciclo de Refrigeração. 11
1.10 Carta Psicrométrica 12
    1.10.1 Conceitos 12

Capitulo 2 - Ciclo de Refrigeração por Compressão de Vapor **15**

2.1 Ciclo Real de Refrigeração 15
2.2 Evaporador 19
    2.2.1 Medição do Superaquecimento 22
2.3 Condensador 23
    2.3.1 Fases do Condensador 24
    2.3.2 Medição do Sub-Resfriamento 24
    2.3.3 Tipos de Condensadores 25
2.4 Dispositivo de Expansão 27
    2.4.1 Capilar 28
    2.4.2 Válvula de Expansão Termostática - VET 29

2.4.3 Válvula de Expansão Eletrônica – VEE 32

2.4.4 PISTÃO... 33

2.5 Compressor.. 34

2.5.1 Compressor Alternativo 34

2.5.1.1 Motocompressores Herméticos.............................. 36

2.5.1.2 Motocompressores Semi - Herméticos.................... 36

2.5.1.3 Compressores Abertos.. 36

2.5.2 Compressor Rotativo 36

2.5.3 Compressor Scroll... 37

2.5.4 Compressor Parafuso 37

2.5.5 Compressor Centrífugo.. 38

2.5.6 Lubrificação dos Compressores.. 38

2.6 Classificação dos Sistemas de Climatização.................................. 38

2.6.1 Vantagem do Sistema de Refrigeração com Expansão Direta ... 40

2.6.2 Desvantagem do Sistema de Refrigeração com Expansão Direta, sem Tecnologia Inverter 40

2.6.3 Vantagem do Sistema de Refrigeração com Expansão Indireta.. 41

2.6.4 Desvantagem do Sistema de Refrigeração com Expansão Indireta . 41

Capítulo 3 - Fluidos Refrigerantes **43**

Capítulo 4 - Sensores, Atuadores e Acessórios **47**

4.1 Termostato 47

4.2 Sensor de Temperatura 48

4.2.1 Termopar.. 48

4.2.2 Termistores 49

4.3 Pressostato 50

4.4 Filtro Secador 51

4.5 Acumulador de Sucção... 52

4.6 Visor de Líquido... 53

4.7 Motor Elétrico 54

    4.7.1 Motores Trifásicos 54

    4.7.2 Motores Monofásicos 56

4.8 Protetor Térmico 57

4.9 Relé Eletromecânico 58

4.10 Relé PTC 59

4.11 Temporizador de Degelo (Timer) 60

Capítulo 5 - Ferramentas e Procedimentos de Instalação 63

5.1 Ferramentas 63

5.2 Materiais dos Tubos 66

5.3 União Entre Tubos 67

    5.3.1 Porca Flange e Conexão 67

    5.3.2 Brasagem 68

        5.3.2.1 Aquecimento dos Tubos 69

        5.3.2.2 Tipos de Metal de Adição 69

    5.3.3 Sistema Lokring 70

5.4 Procedimento de Vácuo 71

5.5 Limpeza do Sistema de Refrigeração e Lavagem 74

5.6 Exercícios 75

Capítulo 6 – Análise de Circuitos de Refrigeradores 77

6.1 Circuitos de Geladeira ou Freezers 77

    6.1.1 Degelo Manual 77

    6.1.2 Degelo Semiautomático 78

    6.1.3 Cycle Defrost 78

    6.1.4 Frost Free 80

XIV • Princípios de Refrigeração e Ar Condicionado

6.1.5 Não Conformidades em Manutenção Corretiva de uma Geladeira
Frost Free 84
6.2 Câmara Fria 87
    6.2.1 Circuito Frigorígeno de Câmara Fria.. 88

Capítulo 7 - Ar-Condicionado Tipo Split 93

7.1 Análise de Um Circuito Elétrico de um Split 93
7.2 Instalação 97
    7.2.1 Posicionamentos da Unidade Condensadora e Unidade Evapora-
    dora 97
    7.2.2 Tubulações de Interligação... 98
    7.2.3 Isolamento Térmico das Tubulações 99
    7.2.4 Carga de Fluido Refrigerante e Acionamento do Equipamento 100
7.3 Procedimento para Desinstalar Split 100
7.4 Não Conformidades em Instalação de Split...................................... 101

Capítulo 8 – Expansão Indireta 103

8.1 Central de Água Gelada (CAG).. 103
8.2 Chiller 104
    8.2.1 Parâmetros de Seleção 106
    8.2.2 Instalação... 108
    8.2.3 Interligação das Tubulações 108
8.3 Parâmetros de Projeto... 109
    8.3.1 Bases para os Cálculos.. 109
    8.3.2 Cargas Térmicas 110
    8.3.3 Cálculo da Vazão de Ar Necessária 111
    8.3.4 Cálculo da Vazão de Água Gelada 112
8.4 Tubulação 112
    8.4.1 Determinação do Diâmetro... 113

8.4.2 Cálculo da Perda de Carga 113

8.5 Válvula de Balanceamento Hidrônico 118

8.6 Tanque de Expansão 120

8.7 Circuito da Água de Condensação 120

8.8 Isolamento Térmico 123

Capítulo 9 - Projeto de Dutos 125

9.1 Difusores 126

9.2 Registros 127

9.3 Dimensionamento dos Dutos 128

    9.3.1 Diâmetro do duto 128

    9.3.2 Perda de Carga 129

9.4 Distribuição de Rede de Dutos 133

9.5 Detalhe das Montagens 134

Capítulo 10 - Tecnologia Inverter 147

10.1 Splits e Multi Splits Inverter 148

Capítulo 11 – Resolução de Provas de Concursos 149

Respostas dos Exercícios 161

Referências Bibliográficas 165

Anexo - Tabelas 169

Capítulo 1 - Definições Importantes

Para entender bem sobre refrigeração e ar condicionado é preciso ter conhecimento de grandezas físicas e saber como medi-las. É necessário ter conhecimento de termodinâmica, eletricidade e acionamentos elétricos, já que todo acionamento é feito por motores elétricos e a parte de controle é feita por sensores e atuadores elétricos.

1.1 Temperatura

A temperatura é uma medida do nível de vibração dos átomos e moléculas que compõem a matéria, a temperatura na qual não há nenhuma mobilidade dos átomos é o zero absoluto na escala Kelvin que corresponde a -273 °C. No Brasil, a escala adotada é a escala Celsius.

Temperatura de saturação é a temperatura associada a uma pressão na qual o fluido muda de fase, evaporação ou condensação.

1.2 Lei Zero da Termodinâmica

A lei zero da termodinâmica estabelece que se dois corpos estejam em equilíbrio térmico (mesma temperatura) com um terceiro corpo, então eles estão em equilíbrio térmico entre si. Para exemplificar, considere a figura 1.1, se o corpo A está a uma temperatura T igual a do corpo C e o corpo B está a uma temperatura T igual a do corpo C, então o corpo A e o corpo B também estão com a temperatura T.

Figura 1.1 – Lei zero da termodinâmica

1.3 Pressão

Pressão é uma medida da quantidade de matéria, e esta quantidade de matéria é medida pela força que ela exerce por unidade de área.

No Sistema Internacional é utilizado Pascal (Pa), outras unidades são muito utilizadas Psi, kgf/cm^2, bar.

1 Psi equivale a 6894,76 Pa

A pressão pode ser medida em temos de pressão absoluta e atmosférica.

Pressão absoluta é a pressão medida em relação ao zero absoluto de pressão. **Pressão manométrica** é a pressão medida em relação à pressão atmosférica local. Em circuitos de refrigeração utilizam-se manômetros que medem a pressão manométrica.

$$P_{ab} = P_m + P_{atm}$$

Onde: P_{ab}: Pressão absoluta
P_m: Pressão manométrica
P_{atm}: Pressão atmosférica

1.4 Calor

Calor é a energia térmica em trânsito entre corpos que estão em temperaturas diferentes. O sentido do fluxo de energia é do corpo de maior para o de menor temperatura, quando as temperaturas se igualam ocorre o equilíbrio térmico e não há mais fluxo de calor. O calor pode ser sensível e latente.

O **calor sensível** é o calor fornecido a uma substância para que ela mude de temperatura.

Capítulo 1 - Definições Importantes • **3**

$$Q = m.c.\Delta t$$

Onde: Q : Calor
m : Massa
c : Calor específico à pressão constante
Δt : Variação de temperatura

No sistema internacional de unidade é utilizado Joule (J). Outra unidade é muito comum nesta área é caloria (cal). 1 cal equivale a 4,18J. O fluxo de calor é a energia transferida por unidade de tempo, a unidade no SI é Watts, Outras unidades muito utilizadas são: kcal/h, btu/h, TR (tonelada de refrigeração).

1 TR equivale a 12000 btu/h.
O **calor latente** é o calor fornecido a uma substância para que ela mude de fase.

$$Q = m.L$$

Onde: Q : Calor
m : Massa
L : Calor latente

Em processo de aproveitamento de calor seja para aquecimento utilizando caldeiras, ou de refrigeração, sempre é utilizado o calor latente por ele ser muito maior.

Exemplo: Calcular quantidade de calor sensível necessária para variar a temperatura de 1kg de água de 99°C a 100°C e a quantidade de calor latente para mudar de fase à temperatura constante de 100°C.

Dados: Calor sensível da água: 4,18 kJ/kg°C
Calor latente de vaporização da água: 2256 kJ/kg

Calor Sensível:

$$Q = 1kg.4,18\frac{kJ}{kg_C^0}\cdot 1^o C, \quad Q = 4,18kJ$$

Calor Latente:

$$Q = 1kg.2256\frac{kJ}{kg}\cdot ; \quad Q = 2256kJ$$

Este cálculo mostra que em um processo que aproveita a utilização do calor latente sem variação de temperatura é aproximadamente 540 vezes maior que o calor sensível com variação de 1°C.

Quando é fornecido calor a uma substância pura no estado líquido a uma pressão constante P1 sua temperatura aumenta até atingir a temperatura de formação de fase vapor, conforme mostrado na figura 1.2, no ponto 1 a temperatura permanecerá constante até que toda a substância se transforme em vapor, ao aquecer a temperatura acima do ponto 2 a substância permanecerá na mesma fase. Quando o fluido está a uma temperatura inferior à temperatura do ponto 1 diz-se que ele está comprimido. Quando atinge o ponto 1 diz que ele está líquido saturado, no ponto 2 está vapor saturado, para temperatura superior a do ponto 2 está vapor superaquecido. A região compreendida entre os pontos 1 e 2 está na fase mistura, o parâmetro utilizado para representar a quantidade de vapor da fase mistura é o título, que é determinado pela razão entre a massa de vapor e a massa total.

$$x = \frac{m_v}{m_t}$$

Onde: x: Título;
m_v: Massa de vapor;
m_t: Massa total;

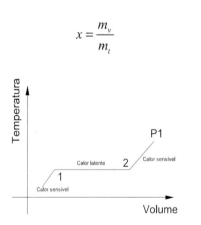

Figura 1.2 – Curva de aquecimento

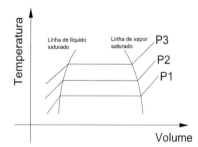

Figura 1.3 – Aquecimento em diferentes pressões

Se o mesmo procedimento de aquecimento do fluido for repetido para pressões maiores que P1, o fluido irá mudar de fase a temperaturas superiores. Plotando-se um gráfico de aquecimento do fluido para pressões diferentes é possível obter uma curva conforme mostrada na figura 1.3, as linhas traçadas sobre os pontos de início de fase vapor chama-se linha de líquido saturado, a linha traçada sobre os pontos de término de transformação de vapor chama-se linha de vapor saturado.

Na figura 1.4 está representada uma curva de saturação de uma substância pura. Para se determinar a fase é necessário saber no mínimo duas propriedades independentes. Por exemplo, para se determinar a fase "líquido comprimido ou vapor superaquecido" pode ser por meio da pressão e temperatura. Esta curva pode ser traçada em função de outras propriedades termodinâmicas entre elas a entalpia, entropia.

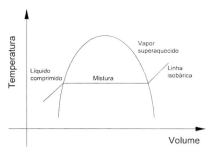

Figura 1.4- Curva de saturação

1.5 Trabalho

De maneira resumida pode-se entender o trabalho como sendo a energia necessária para realizar o deslocamento de um corpo.

1.6 Primeira Lei da Termodinâmica

A primeira lei da termodinâmica trata da conservação da energia. Para sistemas fechados onde a quantidade de massa é fixa e está separada do ambiente pelas fronteiras do mesmo, a energia fornecida na forma de calor pode ser convertida em trabalho e variação de energia interna. A primeira lei para um sistema pode ser escrita por:

$$Q = \Delta E + W$$

Onde: Q : Calor fornecido;
ΔE : Variação de energia interna;
W : Trabalho.

1.6.1 Primeira Lei da Termodinâmica para Volume de Controle

Um volume de controle pode ser definido como sendo uma região do espaço onde ocorre escoamento do fluido neste volume definido, há fluxo de massa cruzando as fronteiras, diferente do sistema. Na figura 1.5 está representado um volume de controle de uma válvula parcialmente aberta, a linha pontilhada representa a superfície de controle, as setas representam a entrada e saída de massa cruzando as fronteiras do volume de controle.

O volume de controle pode ser classificado como regime permanente ou transiente. Tomando como exemplo a massa pode-se dizer que no regime permanente a massa que entra é igual a que sai, já no regime transiente ocorre variação de massa no volume de controle. Os processos de refrigeração e climatização por compressão de vapor operam em regime permanente.

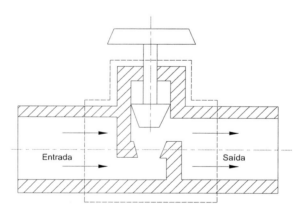

Figura 1.5 – Volume de controle. Fonte: Adaptado de SHAPIRO

A primeira lei da termodinâmica para volume de controle em regime permanente pode ser escrita por:

$$\dot{Q} + \sum \dot{m}_e \left(h_e + \frac{V_e^2}{2} + gz_e \right) = \dot{W}_{vc} + \sum \dot{m}_s \left(h_s + \frac{V_s^2}{2} + gz_s \right)$$

Onde:

$\dot{Q}$: Fluxo de calor;

m : Massa;

V : Velocidade;

z : Desnível topográfico;

h : Entalpia;

g : Aceleração da gravidade;

W : Trabalho.

Os índices e e s representam entrada e saída respectivamente.

A entalpia pode ser entendida como sendo a soma da energia interna com o trabalho de fluxo. Este é o trabalho exercido pelo fluido para escoar. Os valores das entalpias devem ser obtidos em tabelas disponíveis em livros de termodinâmica aplicada, por exemplo SHAPIRO, 2002, ou softwares por exemplo CATT3.

1.7 Segunda Lei da Termodinâmica

A segunda lei da termodinâmica mostra as limitações impostas pela natureza quando se transforma calor em trabalho, estas limitações ocorrem devido às perdas que provêm do atrito. Com ela é possível determinar qual o valor máximo de trabalho que pode ser obtido. A medida do quanto o calor se dispersa é determinada pela entropia. Em volumes de controle ideais a entropia de entrada e saída é constante. Os valores das entropias devem ser obtidos em tabelas disponíveis em livros de termodinâmica aplicada, por exemplo, SHAPIRO, 2002.

1.8 Transferência de Calor

Convecção: É a forma de transmissão de calor entre um fluido e uma superfície. É consequência da circulação do fluido gerada naturalmente por diferença de densidade resultante de um diferencial de temperatura em partes do fluido, ou forçada por meio de um ventilador.

$$\dot{Q} = h\,A\,\Delta T$$

Onde:
$\dot{Q}$: Fluxo de calor por convecção (W);
h : Coeficiente de convecção (W/m²K);
A : Área (m²);
ΔT : Diferença de temperatura (ºC);

Condução: Transferência de calor que ocorre devido à diferença de temperatura em um meio. Pode ser entendida como a transferência de energia entre os átomos de maior energia para os de menor energia devido às interações entre eles. Ocorre nos estados sólido e líquido estacionário, no estado gasoso pode ser desprezada. Está relacionada à condutividade térmica de cada material. A taxa de transferência de calor em uma parede plana de espessura *e* pode ser determinada por:

$$\dot{Q} = \frac{k\,A\,\Delta T}{e}$$

Onde:
$\dot{Q}$: Fluxo de calor (W);
k : Coeficiente de condutividade térmica (W/mK);
A : Área (m²);
ΔT : Diferença de temperatura (ºC);
e : Espessura (m)

Radiação: É a energia emitida pela matéria que está à temperatura diferente de zero Kelvin. Ocorre através de ondas eletromagnéticas. Não é preciso haver contato direto entre os corpos. O melhor exemplo é o do aquecimento da terra pelo sol.

Onde:

$\dot{Q}$: Fluxo de calor por radiação (W);

$\dot{Q} = \varepsilon \sigma A T^4$

ε: Emissividade, ;

σ : Constante de Boltzman 5,67 x 10⁻⁸ (W/(m²K⁴));

A : Área (m²);

T : Temperatura (K);

1.9 Ciclo de Carnot Aplicado à Refrigeração

O ciclo de Carnot aplicado à refrigeração é um ciclo teórico, ideal, sem perdas. Para este ciclo deve considerá-lo operando entre uma fonte fria e uma fonte quente, conforme mostrado na figura 1.6.

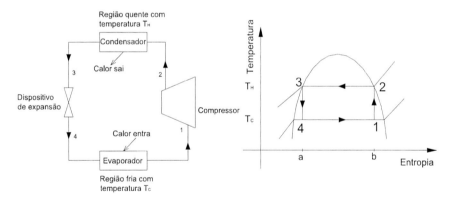

Figura 1.6 - Ciclo de Carnot. Adaptado de Shapiro.

Transformações que ocorrem no ciclo:

1 → 2: O fluido entra no compressor na fase mistura (líquido e gás) e é comprimido adiabaticamente. A temperatura aumenta de T_C para T_H, a pressão também aumenta.

2 → 3: Vapor saturado entra no condensador e sai líquido saturado, o fluido sede calor para o ambiente.

10 • Princípios de Refrigeração e Ar Condicionado

$3 \rightarrow 4$: O fluido sofre uma expansão adiabática. A temperatura reduz de T_H para T_C.

$4 \rightarrow 1$: O fluido entra no evaporador na forma de mistura (líquido e vapor) e parte do refrigerante muda de fase e retorna ao início do ciclo. Recebe calor de TC.

O coeficiente de desempenho β, ou coeficiente de performance COP, de um ciclo de refrigeração é determinado pela relação entre o efeito de refrigeração qL e o trabalho W. Em outras palavras é a razão entre a capacidade de refrigeração e o consumo de energia do equipamento.

$$\beta = \frac{q_L}{W} \Rightarrow \beta = \frac{T_C\left(S_a - S_b\right)}{\left(T_H - T_C\right)\cdot\left(S_a - S_b\right)} \Rightarrow \beta = \frac{T_C}{T_H - T_C}$$

Onde:
q_L: Calor recebido, área 1-b-a-4-1;
W: Trabalho líquido, área 1-2-3-4-1;
S_a: Entropia no ponto a;
S_b: Entropia no ponto b;

Nenhum ciclo real trabalhando nas mesmas temperaturas pode ter um coeficiente de desempenho maior que o do ciclo de Carnot.

Exemplo: Determinar o coeficiente de desempenho de um ciclo de refrigeração de Carnot operando entre as temperaturas:

$T_C = 17°C + 273°C = 290K$

$T_H = 33°C + 273°C = 306K$

$$\beta = \frac{T_C}{T_H - T_C} = \frac{290}{306 - 290} = 18,1$$

1.9.1 Análise do Trabalho e Transferência de Calor nos Componentes do Ciclo de Refrigeração

Equação da 1ª lei da termodinâmica para volume de controle em regime permanente.

Onde:

$\dot{Q}$: Calor (kW);

$\dot{m}_e$: Massa que entra (kg/s);

$$\dot{Q} + \dot{m}_e h_e = \dot{m}_s h_s + \dot{W}$$

h_e : Entalpia de entrada do fluido (kJ/kg);

m_s: Massa que sai (kg/s);

h_s : Entalpia de saída do fluido (kJ/kg);

$\dot{W}$: Trabalho (kW).

Análise do evaporador

Trabalho realizado é nulo.

$$\dot{Q} = \dot{m}\left(h_s - h_e\right) \Rightarrow \dot{Q} = \dot{m}\left(h_1 - h_4\right)$$

Análise do compressor

Considerado troca de calor nula (adiabático).

$$\dot{W} = \dot{m}\left(h_e - h_s\right) \Rightarrow \dot{W} = \dot{m}\left(h_1 - h_2\right)$$

Análise do condensador

Trabalho realizado é nulo.

$$\dot{Q} = \dot{m}\left(h_s - h_e\right) \Rightarrow \dot{Q} = \dot{m}\left(h_3 - h_2\right)$$

Análise do dispositivo de expansão

Trabalho realizado é nulo, não há troca do calor. Processo com entalpia constante.

$$h_e = h_s \Rightarrow h_3 = h_4$$

Exemplo: Um ar condicionado tipo split deve operar entre as temperaturas iguais ao do exemplo anterior. Sua capacidade nominal é Q = 18000 btu/h que equivale a 5,27 kW e a potência elétrica do motor é 1,72 kW. Determinar o coeficiente de desempenho e comparar com o do ciclo de Carnot.

$$\beta = \frac{\dot{Q}}{\dot{W}} = \frac{5,27}{1,72} = 3$$, valor inferior ao determinado pelo ciclo de Carnot.

1.10 Carta Psicrométrica

Por meio da carta psicrométrica é possível determinar as propriedades do ar. A carta psicrométrica foi elaborada inicialmente para pressão atmosférica no nível do mar, mas pode ser utilizada com boa exatidão para pressão compreendida entre 0,98 a 1,05 bar. Determinar as propriedades do ar faz-se necessário para projeto de climatização.

1.10.1 Conceitos

Temperatura de bulbo úmido: Temperatura obtida com um termômetro que possui bulbo envolvido por uma superfície umedecida, quando a água evapora remove calor do bulbo fazendo o termômetro registrar uma temperatura mais baixa que a do ar.

Volume específico: Volume de ar dividido por sua massa.

Umidade absoluta: Massa de vapor d'água contida no ar.

Umidade relativa: Relação entre a quantidade de vapor d'água contida no ar dividida pela quantidade de vapor d'água que deveria existir se o ar estivesse saturado.

Ponto de orvalho: Temperatura na qual o vapor d'água contido na atmosfera se condensa sobre uma superfície.

Na figura 1.7 está representada uma carta psicrométrica. Há um ponto marcado que corresponde às seguintes propriedades:

1. Temperatura de bulbo seco: **30 ºC**;

2. Umidade absoluta: **0,0135 kg de vapor/ kg de ar seco**;

3. Umidade relativa: **50%**;

4. Temperatura de bulbo úmido: **22 ºC**;

5. Volume específico aproximadamente: **0,88 m³/kg de ar seco**;

6. Entalpia: **62 kJ/kg de ar seco**;

7. Temperatura de ponto de orvalho aproximadamente: **18 ºC**. Para se determinar a temperatura de ponto de orvalho traça-se uma reta horizontal a partir do ponto desejado até interceptar a curva de temperatura de bulbo úmido, em seguida traça-se uma reta vertical até interceptar o eixo da temperatura de bulbo seco. Este procedimento está representado na figura 1.7.

14 • Princípios de Refrigeração e Ar Condicionado

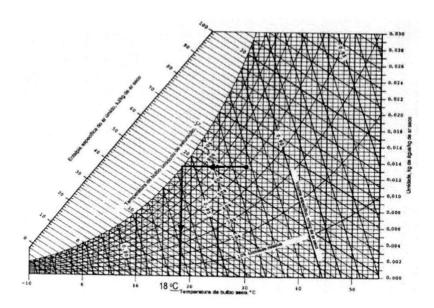

Figura 1.7 – Carta psicrométrica. Fonte: SHAPIRO

Capítulo 2 - Ciclo de Refrigeração por Compressão de Vapor

2.1 Ciclo Real de Refrigeração

Na refrigeração por compressão mecânica de vapor, o fluido refrigerante percorre um ciclo onde sofre mudanças de estado (líquido e gasoso) retirando o calor de uma região e mandando para outra. Os fluidos refrigerantes se caracterizam por se condensarem a altas pressões e por evaporarem a baixas pressões.

O fluido refrigerante na fase gasosa entra no compressor, este é comprimido e tem sua temperatura e pressão aumentadas, após ele entra no condensador onde troca calor com o ar e Sofre transformação da fase gasosa para fase líquida, ao sair do condensador sua temperatura ainda é alta e não é possível trocar calor e resfriar o ambiente, então ele passa por um dispositivo de expansão que pode ser tubo capilar ou válvula de expansão, onde o fluido sofre um estrangulamento e tem sua pressão diminuída e consequentemente sua temperatura diminuída. Depois o fluido entra no evaporador na fase mistura (líquido - vapor) e troca calor com o ambiente refrigerando-o.

Para circuito de refrigeração existe temperatura padrão de evaporação. Para ar-condicionado, a temperatura de evaporação utilizada é da ordem de 5ºC independente do fluido.

Para circuito de refrigeração de geladeiras a temperatura de evaporação é da ordem de -23ºC.

Nas figuras 2.1 e 2.2 estão mostrados ciclos de refrigeração para ar-condicionado para R22 e R410 com as pressões e temperatura de saturação.

Nas figuras 2.3 e 2.4 estão mostrados ciclos de refrigeração para ar-condicionado para R600 e R134 com as pressões e temperatura de saturação.

Figura 2.1 – Ciclos com R22

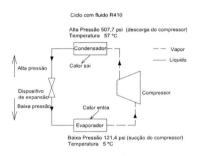

Figura 2.2 – Ciclos com R410

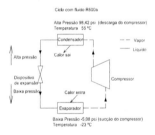

Figura 2.3 – Ciclos com R600

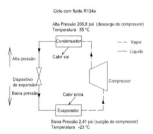

Figura 2.4 – Ciclos com R134

Nos ciclos de refrigeração representados na figura 1.6 e figuras 2.1 a 2.4 não foram consideradas as perdas de pressão e quedas de temperaturas que ocorrem nas tubulações e dentro dos componentes. O fluido não pode entrar no compressor na fase mistura, o compressor só pode trabalhar com fluido na fase gasosa, então o gás deve ser superaquecido no evaporador. No dispositivo de expansão o fluido não pode entrar saturado, pois isto aumentaria a quantidade de fase gasosa após o dispositivo de expansão, o fluido deve ser sub-resfriado no condensador para entrar no dispositivo de expansão.

Na figura 2.5 está representado um ciclo de refrigeração de ar-condicionado com R22, neste é possível ver que a temperatura de evaporação do fluido é 4,9 °C e a temperatura do fluido na entrada do compressor é de 15°C, esta diferença de temperatura é denominada superaquecimento que será melhor abordada no estudo do evaporador. A temperatura de condensação é de 57,1 °C e a temperatura do ar que chega à válvula de expansão é de 46 °C, esta diferença de temperatura é denominada sub--resfriamento.

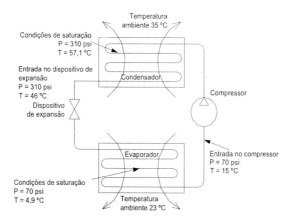

Figura 2.5 - Ciclo de refrigeração com R22.

Exemplo: Um equipamento de refrigeração que utiliza R134a de capacidade 2500 btu/h, trabalha conforme a curva de saturação representada na figura 2.6.

Ponto 1: P_1 = 0 psi, T_1 = -15 °C
Ponto 2: P_2 = 215 psi, T_2 = 70 °C
Ponto 3: P_3 = 215 psi, T_3 = 48 °C
Ponto 4: P_4 = 0 psi, T_4 = -26,36 °C
(entalpia constante de 3 para 4)

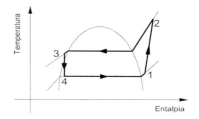

Figura 2.6 – Curva de saturação equipamento R134

18 • Princípios de Refrigeração e Ar Condicionado

Determinar:
1. Vazão de fluido refrigerante.
2. Potência no compressor.
3. Coeficiente de performance

Resposta:

É necessário determinar as entalpias consultando as tabelas termodinâmicas ou software. Os dados das entalpias foram determinados pelo programa CATT 3, conforme mostrado na figura 2.7.

	Temperatura (ºC)	Pressão (MPa) absoluta	Entalpia (kJ/kg)
Ponto 1	-15	0,1	391,6
Ponto 2	70	1,58	441,8
Ponto 3	48	1,58	268,4
Ponto 4	-26,36	0,1	268,4

a. Calor trocado no evaporador: 2500 btu/h, que equivale a 733,2 W

$$\dot{m} = \frac{\dot{Q}}{\left(h_1 - h_4\right)} \Rightarrow \dot{m} = \frac{0,7332}{\left(391,6 - 268,4\right)} \Rightarrow \dot{m} = 5,95 \times 10^{-3}\, kg\,/\,s$$

b. Potência necessária no compressor

$$\dot{W} = m\left(h_1 - h_2\right) \Rightarrow \dot{W} = 5,95 \times 10^{-3}\left(391,6 - 441,8 \Rightarrow\right)\dot{W} = -0,29869 kW \Rightarrow$$

$\dot{W} = -298,69W$, trabalho realizado sobre o fluido.

c. Coeficiente de performance

$$\beta = \frac{\dot{Q}}{\dot{W}} \Rightarrow \beta = \frac{733,2}{298,69} \Rightarrow \beta = 2,45$$

Capítulo 2 - Ciclo de Refrigeração por Compressão de Vapor • 19

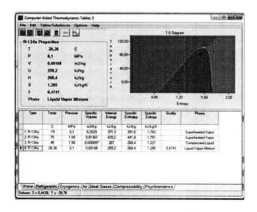

Figura 2.7 – Dados do Programa CATT3

2.2 Evaporador

Evaporador é o componente do circuito de refrigeração onde o fluido evapora e retira calor do ambiente. O evaporador recebe o fluido refrigerante a baixa pressão na fase mistura do dispositivo de expansão e ocorre a transferência de calor do meio externo ao evaporador para o fluido refrigerante, este então muda para fase vapor. Na figura 2.8 está representada a transição entre o dispositivo de expansão e evaporador com a fase mistura no evaporador, no final do evaporador toda a fase líquida presente deverá se transformar em vapor.

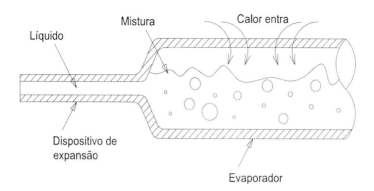

Figura 2.8 – Transição entre dispositivo de expansão e evaporador.

Os evaporadores podem ser de placa, tubulares aletados ou tubulares. Geladeiras domésticas de degelo manual utilizam os evaporadores de placa e funcionam por troca de calor por convecção natural do ar.

Os evaporadores aletados são fabricados geralmente de tubos de cobre com aletas de alumínio conforme mostrado na figura 2.9, A troca de calor é entre o fluido e o ar, são utilizados por exemplo em splits, câmaras frias, o ar é movimentado por um ventilador. Os evaporadores tubulares são geralmente utilizados em chillers, as trocas de calor são entre o fluido refrigerante e a água.

O fluxo de ar padrão nos evaporadores aletados com convecção forçada é de **680 m³/h** para cada TR.

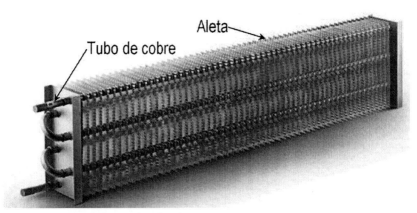

Figura 2.9 – Evaporador aletado de circuito único. Fonte: Serraff

Os evaporadores de grandes dimensões são projetados com **múltiplos circuitos** formando um grupo de serpentinas isoladas das outras, alimentadas pelo distribuidor conectado a uma válvula de expansão e a saída conectada a um tubo coletor, conforme mostrado na figura 2.10. Este tipo de configuração com vários circuitos diminui a queda de pressão e o congelamento no evaporador.

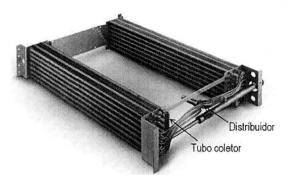

Figura 2.10 – Evaporador de múltiplos circuitos. Fonte: Serraff

Em evaporadores de **circuito único** conforme mostrado na figura 2.9, ocorre elevada queda de pressão na saída do evaporador. Esta queda de pressão ocasiona uma queda de temperatura no final do evaporador provocando congelamento. Evaporadores de circuito único são aplicados somente em evaporadores pequenos.

Os tubos de cobre utilizados para fabricação dos evaporadores e condensadores são ranhurados internamente, estas ranhuras têm a função de aleta e intensificam a transferência de calor. Na figura 2.11 mostra detalhes das ranhuras dos tubos.

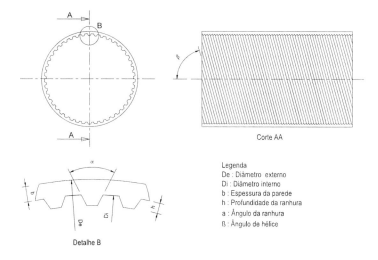

Figura 2.11 – Tubos ranhurados para trocadores de calor.

2.2.1 Medição do Superaquecimento

A medição do superaquecimento serve para determinar se todo o fluido refrigerante evaporou e para garantir que não haverá retorno de líquido para o compressor. Em instalação de splits serve para determinar se a carga de fluido refrigerante está correta.

Procedimento para medir superaquecimento:

1. Medir a pressão de sucção com manômetro;

2. Determinar a temperatura de saturação usando tabela;

3. Medir a temperatura na linha de sucção com sensor posicionado na parte superior do tubo (saída do evaporador). A temperatura que se deve medir é a do fluido, como não é possível colocar o termômetro dentro da tubulação, então mede a temperatura do tubo. É importante que o sensor de temperatura fique protegido pelo isolamento térmico para diminuir os efeitos da temperatura ambiente. Em instalações de splits, por exemplo, a temperatura deve ser medida próxima à unidade condensadora.

4. Fazer a diferença entre temperaturas de saturação e da tubulação.

A Carrier considera valor aceitável de superaquecimento em torno de 5ºC a 10ºC, para split com fluido refrigerante R22. Sempre quando instalar consultar manual do fabricante e vir valor recomendado.

Exemplo – Calcular superaquecimento para refrigerante R-22:

- Pressão da tubulação de sucção = 73 psi.
- Temperatura de saturação evaporação = 6 °C (consultar na tabela no final do livro).

Capítulo 2 - Ciclo de Refrigeração por Compressão de Vapor • **23**

- Temperatura da tubulação de succção = 14 °C.
- Superaquecimento = 8 °C.

Superaquecimento em conformidade, todo o fluido evaporou e não há retorno de líquido para o compressor.

Para medir o superaquecimento é preciso que o circuito já esteja estabilizado, pois se medir logo no momento da partida pode-se fazer leitura equivocada, a velocidade do ventilador do evaporador deve estar ajustada para menor valor.

Um evaporador em más condições prejudica todo o ciclo termodinâmico. Para que a troca de calor seja eficiente é necessário que as aletas estejam desobstruídas. Em evaporadores de ar condicionado o ar deve ser filtrado para evitar que partículas se acumulem nas aletas. Em circuitos de refrigeração de baixas temperaturas, por exemplo: geladeiras, câmaras frias, é normal a formação de gelo devido à umidade do ar se condensar e congelar nas aletas, para remover o gelo formado é necessário um sistema de degelo programado que faça o aquecimento por meio de resistências ou serpentina de gás quente.

2.3 Condensador

O condensador é um trocador de calor que tem a função de enviar para o ambiente externo o calor retirado do ambiente a ser resfriado e o calor gerado na compressão do fluido refrigerante.

Na compressão do fluido refrigerante ocorre o aumento da temperatura e pressão. Para haver refrigeração é necessário que o gás seja resfriado e se transforme em líquido. A troca de calor entre o fluido refrigerante e o condensador ocorre por meio da passagem de um fluido de arrefecimento (ar mais frio ou água), ao redor dos tubos do condensador.

Os trocadores de calor usados na função de condensador têm um tamanho (superfície de troca de calor) maior devido ao calor de condensação ser maior, sendo eles o calor absorvido no evaporador, superaquecimento da linha de sucção e o calor de compressão.

2.3.1 Fases do Condensador

A transferência de calor no condensador ocorre em três fases:

1. **Resfriamento do fluido superaquecido:** O fluido refrigerante sai do compressor superaquecido, fenômeno normal devido ao aumento de pressão, então é necessário diminuir a temperatura do fluido refrigerante para que seja atingida sua temperatura de condensação.

2. **Condensação do fluido refrigerante:** Atingida a temperatura de condensação, o calor deverá ser trocado para transformar todo o vapor em líquido. Esta fase libera grande quantidade de calor latente para o ambiente.

3. **Sub-resfriamento do fluido refrigerante:** Após todo fluido se transformar em líquido (condensar) é necessário resfriá-lo para garantir que haja somente líquido para entrar no dispositivo de expansão.

2.3.2 Medição do Sub-Resfriamento

Os valores recomendados de sub-resfriamento devem ser consultados no manual da instalação. Por exemplo, um sub-resfriamento menor que 4 °C indica pouco fluido no sistema, um sub-resfriamento maior que 15 °C caracteriza fluido refrigerante demais no sistema.

Exemplo – Calcular sub-resfriamento para refrigerante R-410:

- Pressão da tubulação da linha de líquido = 503 psi.

- Temperatura de saturação de condensação = 57 °C (consultar tabela no final do livro).

- Temperatura do fluido na linha de líquido = 49 °C (temperatura medida no tubo, na saída do condensador).

- Sub-resfriamento = 8 °C (diferença entre a temperatura de saturação e a temperatura da tubulação).

O cálculo indica que todo o fluido condensou.

2.3.3 Tipos de Condensadores

Os condensadores com resfriamento a ar podem ser classificados de acordo com a forma em que o ar escoa pelo trocador de calor: condensação estática ou condensação forçada.

Condensação estática. Nos condensadores estáticos a troca de calor é entre o fluido refrigerante e o ar que escoa externamente por convecção natural, o ar mais frio desce e o mais quente sobe. Este tipo de condensador é aplicado em geladeiras domésticas e pequenos refrigeradores.

Condensação forçada. Na condensação forçada o ar é deslocado por ventiladores que o força a passar pela serpentina, aumentando a transferência de calor.

Condensação em trocador de calor com a água é melhor, pois a água é um meio de transferência de calor mais eficiente. Os condenadores à água são menores que os condensadores à ar.

Tipos de condensadores refrigerados à água:

Condensadores de tubo duplo ou tube in tube: Este tipo de trocador é formado por dois tubos concêntricos, no tubo interno circula a água e no tubo externo circula o fluido refrigerante, ver figura 2.12.

Figura 2.12 – Condensador de tubo duplo (tube in tube). Fonte: Hotter pool

Condensadores do tipo casco e tubo: Este trocador é formado por um casco com tubos internos. Nos tubos, circula água e externamente está o fluido refrigerante, ver figura 2.13.

Figura 2.13 – Condensador casco e tubo. Fonte: Apema

Assim como os evaporadores, os condensadores precisam de manutenção, os condensadores à ar precisam que as aletas estejam desobstruídas para passagem do ar, condensadores à água precisam que a água tenha tratamento químico para evitar corrosão. A diminuição na troca de calor pode aumentar a temperatura e a pressão no lado de alta pressão gerando uma sobrecarga no compressor e aumento no consumo de energia elétrica.

2.4 Dispositivo de Expansão

O dispositivo de expansão tem a finalidade de baixar a pressão do ciclo de refrigeração e consequentemente a temperatura. O dispositivo funciona impondo uma restrição à passagem do fluido. Ao passar pela restrição, a velocidade do fluido é aumentada e consequentemente sua pressão diminui. Com a diminuição da pressão, ocorre redução da temperatura de evaporação para níveis inferiores à temperatura do ambiente a refrigerar.

O dispositivo de expansão pode ser tubo capilar, válvula de expansão termostática (ver figura 2.14), válvula de expansão eletrônica (ver figura 2.15), pistão (ver figura 2.16).

Figura 2.14 – Válvulas de expansão termostática. Fonte: Emerson.

Figura 2.15 - Válvula de expansão eletrônica. Fonte: Emerson

Figura 2.16 – Pistão. Fonte Carrier

2.4.1 Capilar

O tubo capilar é um tubo de diâmetro reduzido. Estes tubos são utilizados em pequenos equipamentos de refrigeração como geladeiras domésticas e ar condicionado de baixa capacidade. Ele não é capaz de variar a vazão de fluido refrigerante em função do superaquecimento.

O uso de tubos capilares tem algumas vantagens, entre elas o custo reduzido, e a equalização das pressões quando o compressor está desligado, dependendo do tempo de parada, permitindo que o compressor seja de baixo torque de partida.

Na figura 2.17 está representada uma foto de um tubo capilar de um ar condicionado de 24.000 btu/h localizado na unidade condensadora, a entrada do tubo capilar está conectada ao tubo do condensador, a saída do tubo capilar está conectada à válvula de serviço para interligar a unidade evaporadora.

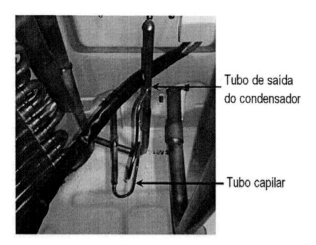

Figura 2.17: Tubo capilar de ar condicionado da Carrier

2.4.2 Válvula de Expansão Termostática - VET

A válvula de expansão termostática tem a função de manter o fluido refrigerante superaquecido na saída do evaporador, e possui um bulbo térmico com gás semelhante ao que circula no sistema de refrigeração. O bulbo é instalado em contato com a tubulação da saída do evaporador.

Funcionamento da Válvula de Expansão Termostática

Na figura 2.18 apresenta uma representação de uma válvula de expansão termostática. Ela é construída por: Diafragma, tubo capilar conectado de um lado ao bulbo e do outro ao corpo da válvula e mola.

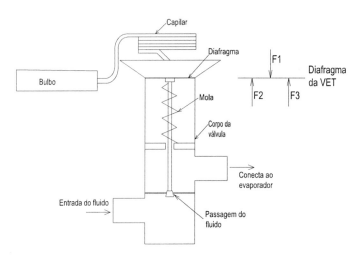

Figura 2.18- Válvula de expansão termostática.

O funcionamento da válvula é determinado por três forças que atuam no diafragma. Veja o diagrama de corpo livre no diafragma da VET representado na figura 2.18:

F1: Força exercida pelo gás do bulbo que atua na superfície superior do diafragma, no sentido de abertura da válvula, o fluido contido no bulbo e capilar se expande ou se contrai dependendo da temperatura do fluido da saída do evaporador.

F2: Força exercida pela pressão de evaporação do gás que atua sobre a parte inferior do diafragma, no sentido de fechamento da válvula.

F3: Força da mola que também atua sobre a parte inferior do diafragma, no sentido de fechamento da válvula.

A força resultante dessas três forças faz abrir ou fechar a passagem de fluido refrigerante. A mola é utilizada para ajustar o superaquecimento. Quando a temperatura de saída do evaporador está alta (superaquecimento), o gás do bulbo se expande empurrando o diafragma para baixo abrindo a válvula, assim libera a passagem de mais fluido e diminui o superaquecimento.

Instalação da Vet

A válvula de expansão deve ser instalada na linha de líquido, antes do evaporador, com o seu bulbo preso à linha de sucção mais próximo possível da saída do evaporador.

O bulbo da VET deve ser montado após o evaporador no tubo da linha de sucção horizontal. Não fixá-lo na parte de baixo do tubo devido à possibilidade de escoamento de óleo lubrificante do compressor no interior do tubo e assim fornecer uma temperatura errada. Deverá ser isolado termicamente para que a temperatura externa não influencie.

Válvula de Expansão com Equalizador Interno

As válvulas de expansão com equalizador interno utilizam a pressão do fluido que sai da válvula como força principal de fechamento. Essa força empurra, para cima, a base do diafragma da válvula equalizando com a força exercida pelo bulbo sensor. Em evaporadores de circuito único a pressão de saída do evaporador é próxima da pressão do fluido que sai da válvula.

As VET com equalizador interno são utilizadas somente em evaporadores pequenos de ciclo único. Este tipo de válvula está representado na figura 2.18.

Válvula de Expansão com Equalizador Externo

As VET com equalizador externo são utilizadas em evaporadores grandes de múltiplos circuitos representados na figura 2.19. O distribuidor que fica instalado após a VET causa uma grande perda de carga fazendo com que a pressão na saída do evaporador seja muito inferior à pressão do fluido que saí da VET. Sendo assim, este fluido na saída da VET fornece uma força de fechamento em excesso no diafragma da válvula, liberando assim, pouco fluido refrigerante, para que a quantidade de fluido seja fornecida corretamente é necessária uma pressão mais baixa, igual a da saída do evaporador.

A VET com equalizador externo utiliza um tubo que interliga a VET à saída do evaporador com uma pressão mais baixa, diminuindo assim a força de fechamento da válvula.

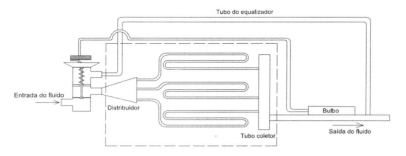

Figura 2.19 – Representação da instalação de uma VET com equalização externa.

Quando se faz a aquisição de uma válvula de expansão nova, esta já vem regulada. Para alterar o ajuste, deve-se girar um pino da válvula para aumentar ou diminuir a força exercida pela mola. Girando-se o pino no sentido horário aumenta o superaquecimento, girando no sentido anti-horário diminui o superaquecimento. Caso seja necessário fazer ajuste, deve-se consultar as recomendações contidas no manual do fabricante.

Na figura 2.14 estão representadas duas válvulas, a da esquerda é uma VET com equalizador interno e a da direita é uma VET de equalizador externo, a seta indica a localização do pino de ajuste, para ter acesso a ele deve-se remover a tampa.

2.4.3 Válvula de Expansão Eletrônica – VEE

Na figura 2.20 está representada uma ligação típica de uma VEE, elas são comandadas por microprocessador com o objetivo de manter o superaquecimento.

O microprocessador recebe informações de temperatura através de termistores, e pressão através de transdutores de pressão. Com os dados de temperatura e pressão é possível o microprocessador determinar o superaquecimento e controlar um motor de passos que faz o acionamento da válvula.

As VEE têm a capacidade de fechar completamente o fluxo de fluido impedindo a equalização entre as pressões do lado de baixa e alta pressão.

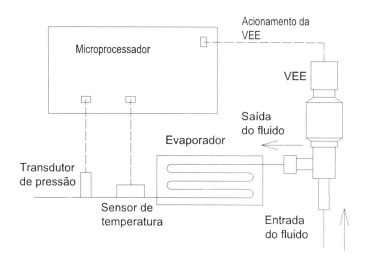

Figura 2.20 – Diagrama da válvula de expansão eletrônica.

2.4.4 PISTÃO

Este tipo de sistema de expansão é utilizado em equipamentos de ar condicionado tipo split. Existe uma seta no sentido da instalação. Nos modelos somente frio há somente um pistão, nos modelos resfria e aquece há dois pistões. A vedação do pistão deve ser montada para o sentido da seta conforme representado na figura 2.21.

34 • Princípios de Refrigeração e Ar Condicionado

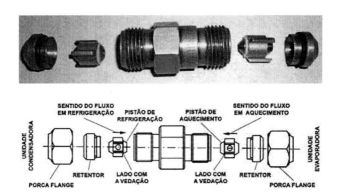

Figura 2.21 – Sistema de expansão tipo pistão. Fonte: CARRIER

2.5 Compressor

Em um sistema de refrigeração o compressor tem a função de manter o fluido refrigerante em movimento e aumentar temperatura de descarga para temperatura mais alta que do ambiente para ser resfriado no condensador.

Os compressores são classificados de acordo com o tipo de elemento propulsor. São eles: Alternativo, rotativo, scroll, parafuso e centrífugo.

2.5.1 Compressor Alternativo

Esta denominação deve-se aos movimentos retilíneos alternados de sobe e desce que o pistão executa, este tipo de compressor é formado por um mecanismo biela-manivela e um pistão. Na figura 2.22 está representada a sucção do compressor, o pistão desce e a pressão diminui no interior do cilindro, as palhetas inclinam-se para baixo e permite a entrada do vapor. Na figura 2.23 está representada a compressão, no movimento ascendente o pistão comprime o vapor restringindo a um volume menor, quando a pressão no cilindro está acima da pressão do condensador, as válvulas de palhetas de descargas são forçadas a abrir e o vapor é descarregado no condensador.

Etapa de sucção

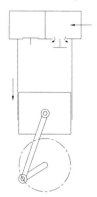

Figura 2.22 – Sucção do compressor.
Adaptado da Festo

Etapa de compressão

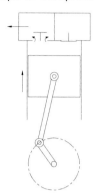

Figura 2.23 - Descarga do compressor.
Adaptado da Festo

Taxa de Compressão – Em refrigeração, a taxa de compressão é a relação entre a pressão de descarga (absoluta) e a pressão de sucção (absoluta). Compressores de sistema de refrigeração de geladeiras trabalham com taxas de compressão muito superiores do que as de ar condicionado.

Exemplo: Comparar a taxa de compressão de um compressor de geladeira com fluido R134a e de um ar condicionado com R22.

Condições da geladeira
Sucção: Temperatura -26°C, pressão 14,98 psi (absoluta)
Descarga: Temperatura 57°C, pressão 226 psi (absoluta)
Taxa de compressão: 15

Condições do ar condicionado
Sucção: Temperatura 4°C, pressão 82,28 psi (absoluta)
Descarga: Temperatura 57°C, pressão 324,29 psi (absoluta)
Taxa de compressão: 3,94

36 • Princípios de Refrigeração e Ar Condicionado

Devido esta diferença entre as taxas de compressão não é possível um compressor de ar condicionado ser utilizado em uma geladeira.

Dependendo da forma que o compressor está instalado junto com o motor ele pode ser classificado em:

2.5.1.1 Motocompressores Herméticos

O compressor e o motor elétrico são montados em uma mesma carcaça estanque, com o rotor, estator e elementos propulsores do compressor em uma única câmara. Não há reparo para este tipo de compressor, um defeito no motor inutiliza o compressor e vice-versa.

2.5.1.2 Motocompressores Semi-Herméticos

O compressor e motor elétrico estão em uma mesma carcaça, os elementos propulsores (pistão ou parafuso etc.) em uma câmara e o motor (conjunto estator e rotor) em outra. O motor elétrico é refrigerado pelo próprio gás frio de sucção que retorna do evaporador.

2.5.1.3 Compressores Abertos

O compressor e motor elétrico estão separados.

2.5.2 Compressor Rotativo

Os compressores rotativos possuem um rolete excêntrico que gira sempre mantendo contato com a carcaça e palheta separando a região de alta da de baixa pressão. Muito utilizado em condicionadores de ar do tipo janela e splits de baixa capacidade. Este modelo de compressor é hermético. Na figura 2.24 estão representadas as etapas de sucção e descarga de um compressor rotativo.

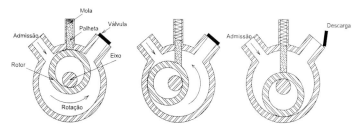

Figura 2.24 – Compressor rotativo de rolete excêntrico.

2.5.3 Compressor Scroll

O compressor scroll possui seu elemento propulsor em forma de espiral. Possui um espiral fixo na parte superior e outro móvel na parte inferior. O espiral móvel está montado em um eixo excêntrico e executa um movimento orbital dentro do fixo. Este modelo de compressor é hermético. Na figura 2.25 estão representados os espirais fixo e móvel de um compressor scroll, o fluido é succionado pela parte externa e descarregado pela parte central.

Figura 2.25 – Compressor scroll.

2.5.4 Compressor Parafuso

Seus elementos propulsores são em forma de parafusos (macho e fêmea). São largamente usados em refrigeração industrial. Este modelo de compressor é semi-hermético.

2.5.5 Compressor Centrífugo

O fluido refrigerante é succionado e comprimido por uma força centrífuga. Usado especialmente em chillers de médio e grande porte. Este modelo de compressor é semi-hermético.

2.5.6 Lubrificação dos Compressores

A lubrificação é importante para diminuir o atrito entre as partes móveis. Segundo a revista Clube da Refrigeração, a lubrificação dos compressores herméticos é realizada por forças centrífugas que faz com que o óleo circule pelo compressor. Em modelos semi-herméticos e abertos existe uma bomba de circulação de óleo. Com o aumento de temperatura do compressor e do fluido refrigerante, uma parte do óleo torna-se vapor e é transportado por toda a linha juntamente com o fluido refrigerante, uma pequena parte do óleo ficará aderida às paredes da tubulação.

O projeto da instalação deve ser feito para que o óleo retorne para o compressor, quanto maior for a distância entre a unidade condensadora e a evaporadora, mais provável será faltar óleo no compressor. A tubulação deverá ser corretamente dimensionada e com sifão na linha de sucção para que o óleo retorne ao compressor.

2.6 Classificação dos Sistemas de Climatização

Os sistemas de climatização podem ser classificados em expansão direta e expansão indireta.

Na expansão direta o fluido refrigerante troca calor na serpentina do evaporador em contato com o fluxo de ar do ambiente a climatizar.

Os equipamentos usuais para climatização são: Ar condicionado de janela, split, self contained, rooftop e VRV. O ar condicionado de janela é um equipamento

Capítulo 2 - Ciclo de Refrigeração por Compressão de Vapor • **39**

compacto que possui todos os componentes do ciclo de refrigeração montados no mesmo equipamento, são instalados em uma abertura na parede, o insuflamento e o retorno do ar ficam para dentro do ambiente a climatizar e parte do condensador fica exposto para fora do ambiente, são destinados à climatização de pequenos locais, há disponível equipamento de capacidade de até 30.000 btu/h.

Os splits estão disponíveis em baixa e alta capacidade. O split de baixa capacidade possui uma unidade interna (evaporador) e outra externa (compressor, condensador e dispositivo de expansão), é destinado à climatização de pequenos ambientes com carga térmica de até 80.000 btu/h. Os splits de alta capacidade, também conhecidos como splitão, possuem uma unidade interna com evaporador e válvula de expansão e a unidade externa com compressor e condensador a ar, existe equipamento disponível de capacidade até 50 TR

O self contained é um equipamento de climatização compacto, o compressor, evaporador e válvula de expansão são montados juntos na unidade interna que fica instalada no ambiente a climatizar ou casa de máquina, pode ser de insuflamento direto ou insuflamento por duto. Quanto à posição do condensador, pode ser de três tipos:

1. Condensador incorporado: Condensador a ar montado na unidade interna, o ar aquecido é insuflado para o ambiente externo.

2. Condensador a água: Condensador montado na unidade interna e a água de arrefecimento é resfriada em uma torre de resfriamento.

3. Condensador remoto: O condensador é montado fora do ambiente a climatizar e o arrefecimento é feito por ar.

O rooftop possui todos os componentes do ciclo de refrigeração montados no mesmo equipamento, é destinado à climatização de grande ambiente, pode ser instalado sobre telhados, lajes e ficar exposto ao ambiente externo. Há equipamentos com capacidade de 40 TR.

VRV significa Volume de Refrigerante Variável, neste sistema uma única unidade condensadora controla várias unidades evaporadoras.

Na expansão indireta ocorre a transferência de calor do ambiente para água que circula em uma serpentina, depois esta água é resfriada pelo fluido refrigerante no evaporador. Para climatização em expansão indireta, faz-se necessário uso de chiller para resfriamento da água.

2.6.1 Vantagem do Sistema de Climatização com Expansão Direta

1. Custo inicial menor, desde que as máquinas sejam padronizadas;
2. Podem ser fabricados equipamentos especiais conforme necessidade do cliente;
3. Mão de obra mais acessível no mercado;

2.6.2 Desvantagem do Sistema de Climatização com Expansão Direta, sem Tecnologia Inverter

1. Maior consumo de energia elétrica;
2. Alto nível de ruído;
3. Instalação mais complexa;
4. Não trabalha com cargas parciais;
5. Mais índices de manutenção;

2.6.3 Vantagem do Sistema de Climatização com Expansão Indireta

1. Economia de energia elétrica;
2. Praticidade de manutenção;
3. Melhor rendimento;
4. Baixo nível de ruído;
5. Facilidade de instalação;
6. Maior facilidade de operação.

2.6.4 Desvantagem do Sistema de Climatização com Expansão Indireta

1. Maior investimento inicial;
2. Prazo de entrega maior;
3. Exige mão de obra muito qualificada em sua manutenção.

Capítulo 3 - Fluidos Refrigerantes

Em sistema de refrigeração por compressão de vapor, o fluido refrigerante é o responsável por receber e liberar o calor do ciclo de refrigeração. O fluido refrigerante deve ser não explosivo, não inflamável, não tóxico, não provocar impactos ambientais e ter alto calor latente de evaporação.

Segundo o Programa Brasileiro de Eliminação dos HCFCs-PBH, do ano de 1931 até a década de 1990 os fluidos refrigerantes CFC (clorofluorcarbono) principalmente o R12 foi usado nos sistemas de refrigeração. O uso dos fluidos CFC começou a declinar em 1974, quando foi atribuída ao uso de CFC a redução da camada de ozônio, camada essa que protege a terra da incidência de raios ultravioleta, o elemento químico principal pela degradação é o cloro. Em 1987 o Protocolo de Montreal estabeleceu um acordo em que os países se comprometiam a parar a produção de CFC em todo o mundo. Essa eliminação está sendo lenta e gradual, ainda hoje existem equipamentos que utilizam fluidos com cloro em sua composição química.

Com esse acordo começou o desenvolvimento de outros fluidos, entre eles os sintéticos e os naturais. Exemplos de alguns fluidos refrigerantes sintéticos:

- Hidroclorofluorcarbonos - HCFC : R22;
- Hidrofluorcarbonos - HFC : R134a;
- Misturas de vários fluidos refrigerantes (blends)
  - Mistura de HCFC e HFC : R401a, R409a;
  - Mistura de HFC: R404A, R407C, R410A.

Os fluidos HCFC foram utilizados largamente de 1991 a 2010 como fluidos de transição para os fluidos isentos de cloro, esses fluidos agridem a camada de ozônio, atualmente estão em declínio. Os HFC não agridem a camada de ozônio, mas têm alto potencial de aquecimento global. Os fluidos tipo misturas também têm restrições devido sua composição química ser formada de HCFC e HFC.

Os melhores fluidos que não causam danos ao ambiente são os fluidos refrigerantes naturais, entre eles:

- Hidrocarbonetos - HC : R600a, R290 e R170;
- Dióxido de carbono - CO_2 : R744;
- Amônia - NH_3 : R717;
- Ar : R729.

O R600a e R290 são fluidos refrigerantes aplicados atualmente em refrigeradores domésticos e de pequena capacidade, são usados em substituição ao R134a e R404a respectivamente. Apesar de serem inflamáveis, sua utilização é segura devido a pouca quantidade utilizada. Segundo a Revista Clube da Refrigeração, as cargas de R600a e R290 são 40% a 60% menores.

O problema em se utilizar o CO_2 são as elevadas pressões de trabalho para as faixas de temperaturas de refrigeração. Utilizando CO_2 para uma temperatura de saturação de -23 °C é necessária uma pressão de 245,45 psi na linha de sucção, enquanto que para o R 600a é necessário vácuo de -5,08 psi.

O potencial de agressão ao meio ambiente é estabelecido por índices chamados de ODP e GWP. ODP é uma sigla em inglês que significa Potencial de Destruição da Camada de Ozônio, este índice varia de 0 a 1, o valor 1 é a agressão máxima que ele pode causar à camada de ozônio, em relação ao CFC -11. Então, se outro fluido tem um ODP igual a 1, ele provoca uma agressão máxima igual ao R11, fluido que possui maior quantidade de cloro. O índice GWP significa Potencial de Aquecimento Global, indica quanto o fluido contribui para o aquecimento global ou efeito estufa. O valor de referência utilizado é o CO_2 e atribuiu-se valor 1, quanto maior este índice, maior será o impacto no aquecimento global.

Na tabela 3.1 é mostrado um comparativo entre o ODP e GWP de alguns fluidos refrigerantes CFC, HCFC, HCFC, HC e naturais com suas aplicações.

Tabela 3.1 – Comparativo de ODP e GWP de fluidos refrigerantes e aplicações.

Fluido	Tipo	ODP	GWP	Aplicações
R12	CFC	1	10200	Extinto
R22	HCFC	0,05	1500	Ar condicionado e refrigeração
R134a	HFC	0	1300	Refrigeração, chiller, ar condicionado automotivo
R410	Mistura de HFC	0	1924	Ar condicionado
R404a	Mistura de HFC	0	3943	Refrigeração
R600 a	HC, Natural	0	3	Refrigeração de baixa capacidade
R744	CO_2, Natural	0	1	Refrigeração, mas ainda em teste
R717	NH_3, Natural	0	0	Refrigeração industrial

Capítulo 4 - Sensores, Atuadores e Acessórios

Os sensores e atuadores são os responsáveis pelo funcionamento do sistema e os acessórios são utilizados para melhoria do desempenho.

4.1 Termostato

Um exemplo de controlador de temperatura é o termostato que em resposta a um sinal de temperatura liga ou desliga um circuito elétrico (compressor). Os termostatos utilizam um bulbo sensor com gás interno, a pressão exercida pelo gás é transmitida por um tubo capilar ao diafragma.

Na figura 4.1 está mostrada uma foto de um termostato de ar condicionado de janela, representando o teste de funcionamento.

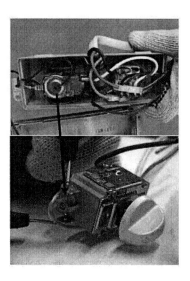

Figura 4.1 – Termostato. Fonte: Springer Carrier

Procedimento de teste de um termostato de ar condicionado de janela da Carrier. Utilizar multímetro na escala resistência.

1. Aqueça o bulbo do termostato com água a aproximadamente 30 °C.
2. Gire o botão do termostato totalmente, no sentido que indica frio mínimo.
3. Encoste as pontas de prova nos terminais.
4. Gire o botão do termostato lentamente no sentido que indica frio máximo, em alguma posição, deve passar a existir continuidade entre os terminais.

4.2 Sensor de Temperatura

Os sensores de temperatura mais utilizados são os termopares e os termistores.

4.2.1 Termopar

Um termopar é um sensor de temperatura constituído de dois metais distintos unidos em uma das extremidades. Quando há uma diferença de temperatura entre a extremidade unida e as extremidades livres, ocorre o surgimento de uma diferença de potencial característica para cada temperatura.

Os termopares são classificados de acordo com os tipos de materiais que os formam. Dois exemplos dos tipos termopares:

- **Termopar tipo J:** Possui terminal positivo formado de ferro e o terminal negativo de uma liga metálica denominada constantan, utilizado para faixas de temperaturas de 0 a 760°C.

- **Termopar tipo K:** Terminal positivo formado por chromel e o terminal negativo por alumel, utilizado para faixas de temperaturas de -200 °C a 1260°C.

4.2.2 Termistores

Os termistores são semicondutores sensíveis à temperatura, sua resistência varia com a temperatura. Um controlador determina a temperatura com base na resistência determinada por um sinal elétrico enviado ao termistor. Os termistores podem ser do tipo NTC ou PTC.

PTC

PTC (Positive Temperature Coefficient) é um termistor cujo coeficiente de variação de resistência com a temperatura é positivo, a resistência aumenta com o aumento da temperatura. A figura 4.2 representa uma curva de PTC.

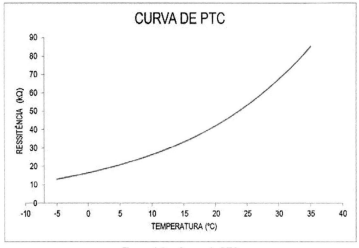

Figura 4.2 – Curva de PTC

NTC

NTC (Negative Temperature Coefficient) é um termistor cujo coeficiente de variação de resistência com a temperatura é negativo, a resistência diminui com o aumento da temperatura. A figura 4.3 representa uma curva de NTC.

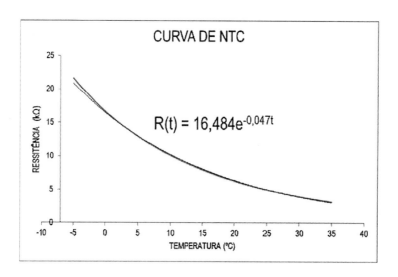

Figura 4.3 – Curva de NTC

4.3 Pressostato

A função do pressostato é de proteger a integridade dos equipamentos contra o efeito do aumento ou diminuição da pressão. É formado por um sensor, um mecanismo de ajuste de pressão e os contatos elétricos abertos ou fechados, podem ser instalados diretamente na tubulação. Seus contatos elétricos são ligados em série no circuito de comando do motor do compressor.

O controle de baixa pressão abre o circuito elétrico quando a pressão do sistema diminui abaixo de uma pressão preestabelecida para proteger o compressor de avarias devido à perda de fluido refrigerante.

Para proteger o compressor da alta pressão o pressostato abre o circuito. Para temperatura um pouco acima das temperaturas de condensação, da ordem de 68 ºC danifica o compressor, então a pressão de desligamento máxima deve ser a pressão de saturação para esta temperatura.

Exemplo de aplicação: Um ar condicionado que opera com fluido R22, conforme mostrado na figura 4.4 extraída de uma placa de identificação de uma unidade condensadora de um split, a pressão máxima de descarga indicada na placa do compressor é de 2413 kPa (350 psi), consultando a tabela de saturação, disponível no final deste livro, encontra-se o valor de 62ºC, valor inferior aos 68 ºC mencionados anteriormente.

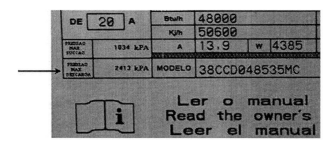

Figura 4.4 - Placa de identificação de ar condicionado de um equipamento Carrier.

Pressostato não é a mesma coisa de transdutor de pressão. O transdutor de pressão emite um sinal analógico de tensão ou corrente elétrica em função da pressão aplicada sobre ele, é necessária uma tensão de excitação para seu funcionamento.

4.4 Filtro Secador

A função do filtro secador no circuito de refrigeração é reter umidade e eventuais partículas sólidas que existam no sistema. Deve ser instalado na saída do condensador onde a sua função principal é proteger a válvula de expansão.
O núcleo do filtro é composto de:

- Peneiras;
- Elemento dessecante (Sílica gel, óxido de alumínio ativado).

Em ciclos de refrigeração onde a expansão ocorre através do tubo capilar são utilizados filtros com dessecante granulado. Este tipo de filtro somente pode ser instalado na vertical conforme mostrado na figura 4.5 para que se garanta a passagem somente da fase líquida atuando no mesmo sentido da gravidade, evitando assim movimento das partículas de dessecante que podem se desgastar e entupir o capilar.

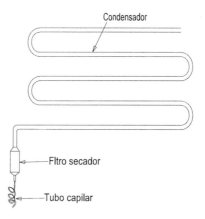

Figura 4.5– Instalação do filtro secador.

Para ciclos de refrigeração que utilizam dispositivo de expansão do tipo pistão ou válvula de expansão deve-se utilizar filtro de núcleo sólido.

4.5 Acumulador de Sucção

O acumulador de sucção é utilizado para evitar que o fluido refrigerante na fase líquida retorne para o compressor. Deve ser instalado na linha de sucção anterior ao compressor. A figura 4.6 representa o funcionamento de um acumulador de sucção. Geralmente, é um recipiente vertical com um tubo em U interno, o fluido líquido e o óleo se acumulam na parte inferior e somente fluido refrigerante na fase vapor retorna ao compressor. Existe um furo no tubo em U para passagem do óleo para o compressor.

Em instalações de ar condicionado tipo split, os fabricantes estabelecem distâncias máximas entre condensadora e evaporadora para o equipamento padrão, para distâncias maiores é necessária a instalação de outro acumulador de sucção, para isso, devem ser seguidas as recomendações do fabricante.

Figura 4.6 – Representação de acumulador de sucção.

4.6 Visor de Líquido

O visor de líquido tem a função de indicar a qualidade do fluido refrigerante pela mudança na sua coloração. A cor apresentada pode divergir de acordo com o fabricante. Por exemplo, quando a cor está verde indica baixa umidade, quando está amarelo indica presença de umidade. Para outro fabricante a cor azul indica baixa umidade e rosa indica alta umidade. O local melhor para se instalar o visor de líquido é depois do filtro secador porque se o filtro estiver obstruído ou restringindo a passagem de fluido ele apresentará bolhas. Na figura 4.7 está representado um visor de líquido.

Figura 4.7 – Visor de líquido. Fonte: Emerson

4.7 Motor Elétrico

Os motores elétricos usados para acionamentos dos compressores e ventiladores são do tipo indução. Os motores de indução podem ser classificados em trifásicos e monofásicos.

Os motores de indução se caracterizam por ter alta corrente de partida que pode ser 8 vezes maior que a corrente nominal.

A rotação síncrona do campo magnético girante depende do número de polos e da frequência da rede, pode ser determinada pela equação:

$$n = \frac{120 f}{p}$$

Onde:
f : Frequência da rede
p : Número de polos
n : Rotação

A rotação do eixo é um pouco inferior devido ao escorregamento do motor.

4.7.1 Motores Trifásicos

Os motores trifásicos podem ter o fechamento de ligação dos terminais em estrela ou triângulo. A menor tensão deve ser ligada em triângulo. A figura 4.8 representa uma ligação em estrela e a figura 4.9 representa uma ligação em triângulo.

Para fazer o teste de funcionamento é necessário medir a resistência de cada bobina 1-4, 3-6, 2-5 e medir com a carcaça para determinar se há curto-circuito.

Capítulo 4 - Sensores, Atuadores e Acessórios • 55

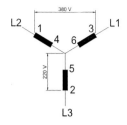

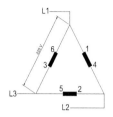

Figura 4.8 – Ligação em estrela

Figura 4.9 – Ligação em triângulo

Na figura 4.10 está apresentada uma placa de um motor trifásico da WEG. Nela está informada a potência elétrica de 11 kW, tensão de alimentação em 220 V ou 380V, rotor tipo gaiola de esquilo, corrente nominal de 37,6A em 220 V e 21,8A em 380V, rotação do eixo 1760 rpm, frequência da rede de 60 Hz, fator de serviço 1,25, relação entre a corrente de partida e a corrente nominal de 8,3, fator de potência 0,83, rendimento 92,4%, temperatura ambiente de 40°C, grau de isolação F, temperatura da classe de isolamento 80K, corrente no fator de serviço de 47A em 220 V e 27,3 A em 380V, categoria do conjugado N, grau de proteção contra intempéries IP55, regime de serviço S1, altitude de 1000m, esquema de ligação em 220V e 380V, peso 86kg, rolamento da frente 6308-ZZ, rolamento de trás 6207-ZZ

Figura 4.10 – Placa de um motor trifásico. Fonte: WEG

Motores com potência superior a 15 CV não podem ter partida direta devido à alta corrente de partida que pode prejudicar outros equipamentos elétricos. Para diminuir este efeito são utilizadas técnicas de partida em chave estrela-triângulo, soft start, inversor de frequência.

4.7.2 Motores Monofásicos

Motor monofásico é um tipo de motor que possui um enrolamento no estator e sua alimentação é feita por fase e neutro ou fase e fase. Os mais comuns são os rotores do tipo gaiola de esquilo, ou seja, é formado por chapas curto-circuitadas por anéis metálicos nas extremidades.

Para dar a partida é necessário um enrolamento auxiliar que é dimensionado e posicionado de forma a criar uma segunda fase fictícia, permitindo a formação do campo girante necessário para a partida. Existem motores em que o enrolamento auxiliar atua somente na partida e outros que permanecem com o motor em funcionamento. São usados capacitores em série com o enrolamento auxiliar para melhorar o conjugado de partida.

Está representado na figura 4.11 um esquema elétrico de uma unidade condensadora com motor monofásico para acionamento do compressor e ventilador, o capacitor (CAP) permanente é ligado em série enrolamento auxiliar (S).

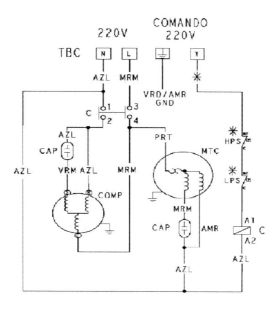

Figura 4.11 – Circuito com capacitor permanente. Fonte: Carrier

4.8 Protetor Térmico

Os protetores térmicos são utilizados para proteger o motor do compressor evitando que atinja uma temperatura que o danifique ou queime as bobinas. O protetor térmico pode atuar quando a temperatura de condensação está elevada devido a defeito no ventilador, obstrução no condensador ou sobrecarga. No caso de compressores herméticos de refrigeradores domésticos e ar splits, os protetores térmicos mais comuns são os externos, que ficam junto ao terminal hermético fusite do compressor. Existem alguns modelos de compressores que têm protetor térmico interno que ficam instalados dentro do compressor, ficam posicionados bem próximos à parte mais quente da bobina e assim avaliam a temperatura diretamente no motor.

4.9 Relé Eletromecânico

O relé eletromecânico é um dispositivo de partida que tem a função de auxiliar no momento da partida do motor. Após a partida, o enrolamento auxiliar é desconectado. Na figura 4.12 está representado um relé eletromecânico, este é encaixado no terminal fusite do compressor, sendo um terminal conectado ao terminal de marcha (permanente) e o outro ao do enrolamento auxiliar (partida).

O relé eletromecânico funciona da seguinte forma: Na partida do motor do compressor há um aumento da corrente elétrica, este aumento de corrente gera um campo magnético mais intenso na bobina do relé, nos terminais 10-12, suficiente para fechar os contatos elétricos, nos terminais 10-11, dando passagem a corrente elétrica que alimenta o circuito de partida. No funcionamento normal, a corrente elétrica diminui, diminuindo assim o campo magnético e abrindo os contatos elétricos desligando o circuito de partida.

Este tipo de dispositivo é utilizado em refrigeração doméstica de baixa capacidade que utiliza tubo capilar no circuito de refrigeração e tem compressor com baixo torque. Os motores de alto torque deverão ter capacitor ligado em série com o enrolamento auxiliar, conforme mostrado na figura 4.13.

Figura 4.12 – Rele eletromecânico. Fonte: Adaptado da Embraco

Para fazer o teste de funcionamento é necessário testar a continuidade da bobina nos terminais 10 e 12, e fazer o teste dos terminais de acionamento do enrolamento de partida do motor.

Com o relé na posição vertical e bobina para baixo, medir a continuidade entre os terminais 10 e 11, se não houver continuidade o relé está com defeito. Com a bobina para cima, medir a continuidade entre os terminais 10 e 11 do relé, se houver continuidade o relé está com defeito.

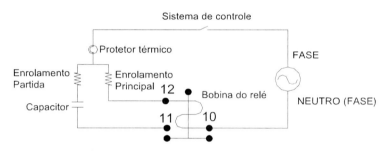

Figura 4.13 – Instalação de relé eletromecânico

4.10 Relé PTC

Relé PTC é um dispositivo que auxilia na partida do motor, ele possui um componente termo-resistivo. A instalação do relé PTC deve ser conforme representado na figura 4.14, quando o motor do compressor está desligado o PTC está a uma temperatura próxima à do ambiente e sua resistência elétrica em valores baixos, quando o compressor é ligado à pastilha termo-resistiva permite a passagem de corrente para o enrolamento de partida e o compressor é acionado, em consequência da passagem de corrente a temperatura aumenta devido à dissipação de calor por efeito Joule, a resistência elétrica aumenta e impede a passagem de corrente para o enrolamento de partida. No funcionamento normal fica somente o enrolamento principal.

Para testar o funcionamento do relé PTC é necessário medir a resistência elétrica da pastilha termo-resistiva. Há modelos de compressores que não utilizam capacitores em série com o relé PTC.

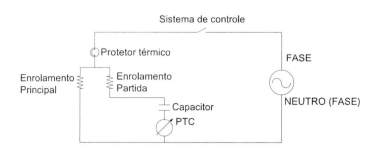

Figura 4.14 – Instalação de relé PTC

4.11 Temporizador de Degelo (Timer)

O temporizador de degelo é um contador de tempo usado para controlar o ciclo de descongelamento automático. Este sistema é utilizado em refrigeradores convencionais analógicos que não possuem placa eletrônica para controle. Existem temporizadores com ciclos de degelo de 6h, 8h, 12h com tempo de degelo de que varia de 20min a 30min.

O temporizador tem um motor elétrico que faz acionamento de um mecanismo de engrenagem para contagem do tempo, este deve ser alimentado nos terminais 1 e 3 conforme mostrado na figura 4.15. Entre os terminais 3 e 2 têm um contato normalmente fechado e alimenta o motor do compressor, após completado o ciclo de degelo o motor do temporizador comuta os contatos abrindo o contato entre 2 e 3 e fechando o contato entre 3 e 4, alimentando a resistência de aquecimento por um período de 20 min a 30 min depois retornando a condição inicial. A resistência de aquecimento é ligada em série com um sensor bimetálico para garantir que o aquecimento seja realizado somente na presença de gelo no evaporador, o sensor bimetálico possui um contato normalmente aberto, quando este é resfriado a temperatura inferior a -10ºC se contrai e fecha o circuito.

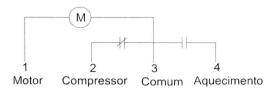

Figura 4.15: Diagrama de ligação do temporizador

Para fazer teste de funcionamento do temporizador deve-se desconectar os cabos do circuito, medir a resistência elétrica entre os terminais 1 e 3, deve indicar a resistência do enrolamento do motor. Medir resistência entre os terminais 2 e 3, deve-se obter o valor zero e entre 3 e 4 valor infinito. Conectar os cabos 1 e 3 e alimentar com a tensão especificada, utilizar uma chave de fenda para girar o mecanismo do temporizador sentido horário até ouvir um leve estalo, entre os terminais 3 e 4 deverá haver continuidade e entre 2 e 3 não poderá haver. Deve-se esperar o tempo de 20 a 30 min, ou continuar girando no sentido horário, para terminar tempo de degelo e voltar à condição inicial.

Capítulo 5 - Ferramentas e Procedimentos de Instalação

5.1 Ferramentas

Estão relacionadas as ferramentas mínimas que um técnico de refrigeração deve ter para executar um bom trabalho de instalação ou manutenção.

1. Bomba de vácuo (figura 5.1)

A capacidade da bomba de vácuo depende do tamanho do circuito de refrigeração. Para circuitos de geladeiras domésticas vazão de 6 cfm é suficiente, para circuito de Split, vazão de 15 cfm, e para chiler 50 cfm. Periodicamente deve-se trocar o óleo da bomba, pois ele é muito higroscópico e não atingirá alto vácuo se tiver umidade.

Figura 5.1 – Bomba de vácuo. Fonte: Suryha

2. Conjunto manifold (figura 5.2)
O manifold possui dois manômetros e é necessário para medir a pressão de sucção e descarga. Possui duas válvulas onde é possível medir individualmente cada pressão. Deve ser usado manifold e mangueiras dedicados para cada tipo de fluido para não haver contaminação. Não devem ser usados manômetros analógicos para medição de vácuo, pois este não atinge pressão de 200 μmHg. Em procedimento de vácuo as mangueiras devem ser substituídas por tubos, devido as mesmas não serem estanques.

Figura 5.2 – Manifold analógico.
Fonte: Suryha

3. Cortador de tubo (figura 5.3)

Para o corte dos tubos não pode ser usada serra, pois esta produz cavacos que podem entupir o dispositivo de expansão. Deve ser usado cortador que não produza cavaco.

Figura 5.3 – Cortador de tubo. Fonte: Suryha

4. Flangeador de tubos (figura 5.4)

Deve ser usado para fazer os flanges para conectar a porca da unidade evaporadora ou condensadora.

Figura 5.4 – Flangeador excêntrico
Fonte: Fonte: Suryha

5. Vacuômetro digital (figura 5.5)

O vacuômetro deve ter resolução mínima de 1 μmHg

Figura 5.5 – Vacuômetro digital.
Fonte: fieldpiece

6. Balança digital (figura 5.6)

Deve ser utilizada balança digital específica para este fim.

Figura 5.6 – Balança digital. Fonte: Mastercool

7. Termômetro digital (figura 5.7)

Recomendado termômetro com pelo menos 5 sondas de medição.

Figura 5.7 – Termômetro digital.
Fonte: Full Gauge

8. Rebarbador para remoção das rebarbas das extremidades dos tubos após cortados.
9. Curvador de tubo ou mola de curvar tubo
10. Cilindro de gás para carga adicional
11. Cilindro de nitrogênio com regulador
12. Alicate amperímetro e capacímetro
13. Torquímetro
14. Unidade de solda oxi-acetileno (PPU)
15. Furadeira e brocas
16. Régua de nível
17. Fitas isolante e veda-rosca
18. Conjunto de chaves philips e chave de fenda
19. Trena

66 • Princípios de Refrigeração e Ar Condicionado

20. Chave de boca ajustável
21. Alicate de bico e alicate corte universal
22. Conjunto chaves allen
23. Talhadeira e martelo
24. Chave de bornes
25. Serra copo para corte em alvenaria
26. Serra de metal
27. Fasímetro

Existe no mercado manifold digital que incorporam manômetro, vacuômetro, ter-mômetro em um só instrumento, com dados das temperaturas de saturação dos fluidos para cálculo do superaquecimento e sub-resfriamento. Outra ferramenta importante é a recolhedora de gás, pois os fluidos refrigerantes não podem ser descarregados para a atmosfera com exceção os fluidos hidrocarbonetos e os naturais, o correto é recolher para um recipiente por meio de uma recolhedora de gás.

5.2 Materiais dos Tubos

Os materiais dos tubos utilizados para interligação entre os componentes do circuito de ar condicionado entre a unidade condensadora e unidade evaporadora podem ser de cobre e há algumas aplicações que se usam alumínio. Os tubos de cobre podem ser flexíveis ou rígidos, é recomendado a utilização de tubos rígidos para diâmetros superiores a 5/8" devido a dificuldade de curvar, os tubos de cobre são os mais empregados por terem maior resistência mecânica, flexibilidade e possuírem potencial de oxidação semelhante ao do latão das porcas da interligação evitando assim corrosão galvânica.

Para instalação de splits, os fabricantes não proíbem a utilização de tubos de alumínio para equipamentos que utilizam R22, mas estabelecem certas precauções quanto à utilização. Já para a utilização com R410 é proibida devido ao alto nível de pressão que o equipamento pode chegar em funcionamento.

5.3 União Entre Tubos

A união entre tubos pode ser feita por meio de porca flange e conexão, brasagem e sistema LOKRING.

5.3.1 Porca Flange e Conexão

A união por porca flange utiliza tubo flangeado montado com uma porca e uma conexão niple. O flange é feito nas extremidades por deformação do tubo de modo a ficar de forma cônica, ver figura 5.8, o flange cônico deverá cobrir toda área de ângulo do niple, ver figura 5.9, a estanqueidade se dá devido ao aperto entre a porca e o niple que mantém o contato entre o flange e o niple.

Figura 5.8: Detalhe do flange e Porca

Figura 5.9 – Flange cobrindo área angular do niple

5.3.2 Brasagem

As brasagens são necessárias na confecção dos equipamentos na fábrica e em manutenções corretivas onde se faz necessário abrir o circuito de refrigeração. Há circuitos de refrigeração que dispõem de válvulas ventil, outros não dispõem e faz necessário brasagem, por exemplo, geladeiras domésticas. As válvulas ventil são conhecidas no ambiente de trabalho da refrigeração como válvulas schrader, estas são semelhantes as usadas nas câmaras de ar de bicicletas e automóveis.

É comum na rotina das indústrias chamarem de soldagem o processo de união entre os tubos de cobre e componentes, mas este processo de união é chamado brasagem. Esta consiste em unir materiais de natureza diferente pela adição de um metal ou liga de adição entre os mesmos, sem que ocorra fusão dos metais-base, mas somente do metal de adição. Este último sempre possui ponto de fusão inferior aos metais a serem unidos.

A fonte de calor necessária é da combustão entre o acetileno e oxigênio. A natureza da chama e a temperatura atingida por ela dependem da proporção entre os dois gases. Chama neutra obtida por quantidades iguais, chama oxidante em mistura em excesso de oxigênio e carburante com quantidade maior de acetileno.

O metal de adição fundido deve penetrar na folga entre os tubos, esta movimentação dos átomos do metal fundido para as folgas é feita por uma força de atração denominada capilaridade, para que isto ocorra são necessárias superfícies limpas e isentas de óleo, áreas a serem brasadas bem aquecidas e folga correta entre as partes. São aplicados fluxos antes do aquecimento com a finalidade de limpar e desoxidar as superfícies a serem brasadas, facilitando a penetração do metal de adição.

Nas operações de brasagem em circuitos com HC todo o refrigerante do sistema precisa ser liberado em um ambiente bem ventilado e o sistema purgado com nitrogênio. A tubulação deve estar totalmente isenta de isobutano ou propano antes do uso do maçarico.

5.3.2.1 Aquecimento dos Tubos

Antes de aquecer deve ser aplicado o fluxo sobre os tubos, aquecer os tubos macho e fêmea sem incidir a chama diretamente sobre o metal de adição (vareta). Aquecer o tubo movimentando o maçarico do ponto A para o ponto C. Após o metal de adição fundir, aquecer o tubo do ponto A para o ponto B, conforme mostrado na figura 5.10.

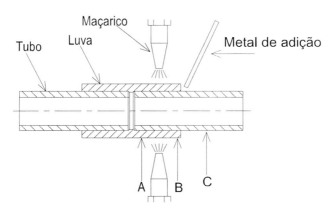

Figura 5.10- Aquecimento para brasagem.

5.3.2.2 Tipos de Metal de Adição

A EMBRACO recomenda para brasagem entre tubos de cobre usar vareta com teores de prata variando de 5 a 15% ou varetas de liga cobre-fósforo. As varetas de liga de prata são conhecidas no comércio como solda prata, as varetas de liga cobre-fósforo são conhecidas como phoscoper. Para brasagem de tubos de cobre com phoscoper não há necessidade de fluxo, deve-se utilizar chama neutra.

Para brasagem entre cobre e aço deve-se utilizar vareta com teor de prata variando de 25 a 50%, deve-se utilizar fluxo. Utilizar chama carburante ou redutora.

Durante a brasagem é necessário fazer purga com nitrogênio circulando no interior da tubulação para evitar a formação de óxidos e fuligens no interior do tubo. Ver procedimento na figura 5.11.

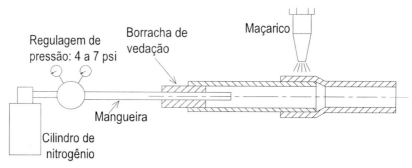

Figura 5.11- Procedimento de purga para brasagem.

5.3.3 Sistema Lokring

A conexão de tubo LOKRING é um sistema patenteado pela Vulkan. Sua montagem está representada na figura 5.12, dois insertos (3) são introduzidos no interior dos tubos que serão unidos, uma conexão tubular (1) une as duas extremidades dos tubos. Sobre o tubo é passado um polímero de vedação, uma ferramenta de montagem manual é utilizada para empurrar os dois anéis LOKRING (2) longitudinalmente sobre a conexão. Devido o formato cônico interno dos anéis LOKRING e o perfil da conexão, o diâmetro do conjunto é reduzido durante a montagem de modo que o tubo e a conexão se tornem um conjunto metálico hermético com união provocada pela tensão aplicada pelo anel.

Este mesmo tipo de união está sendo empregada em refrigeradores domésticos com carga de gás de R600a e R290 em substituição à união brasada.

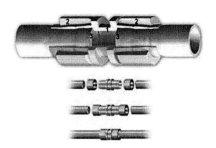

1 – Conexão
2 – Anel lokring
3 – Inserto no interior do tubo

Figura 5.12 – Sistema Lokring. Fonte: Vulkan

5.4 Procedimento de Vácuo

O vácuo é necessário para remoção do ar e umidade contida nas tubulações. A umidade reage com o óleo do compressor produzindo ácido que corrói o verniz dos enrolamentos do motor do compressor, provocando assim a queima, o vapor d'água dentro das tubulações podem se condensar e congelar no dispositivo de expansão e dificultar a passagem do fluido refrigerante. O ar que fica aprisionado nas tubulações aumenta a pressão do fluido e consequentemente suas temperaturas de saturação, o ar por ser mais leve, parte dele fica acumulada no condensador diminuindo assim a transferência de calor entre o fluido refrigerante e o meio de arrefecimento.

Antes de fazer o vácuo deve ser feito teste de estanqueidade pressurizando o sistema com nitrogênio pela válvula ventil (schrader) da linha de sucção e líquido (caso haja), o valor da pressão deve ser consultado no manual do fabricante. Deve-se localizar vazamentos com detector de vazamento ou esponja com detergente.

Para efetuar o vácuo é necessário conectar o manifold às válvulas ventil da linha de sucção e descarga (caso exista), é recomendado usar tubo e não mangueira para conectar o manifold às válvulas para melhor estabilizar o vácuo.

Na figura 5.13 está representada uma montagem típica do circuito de um split, quando se dispõe de válvula ventil na linha de líquido e sucção.

Figura 5.13 – Esquema de montagem para vácuo em split

O vácuo deverá ter o comportamento conforme representado na figura 5.14. O procedimento a seguir é estabelecido pela Carrier.

I. Faixa de vácuo recomendada de 250 μmHg a 500 μmHg. Após atingir este nível de vácuo deve-se fechar registro e desligar a bomba de vácuo;

II. Após fechado o registro, a pressão deve estabilizar-se em 700 μmHg, isso indica que o sistema está seco e estanque.

III. Tempo mínimo para estabilização é de 20 minutos.

IV. Se a pressão estabilizar-se em torno de 1200 µmHg indica que há umidade no sistema. Deve-se então quebrar o vácuo com a circulação de nitrogênio e fazer outro processo de vácuo.

V. Se a pressão continuar aumentando indica vazamento, que pode ser nas conexões ou na própria mangueira do manifold.

Após o vácuo estabilizado, deve ser feita a carga de fluido com uso de balança, na quantidade recomendada pelo fabricante e depois fazer medição do superaquecimento , e quando possível o sub-resfriamento, isto porque alguns equipamentos que trabalham com R410 não possuem válvula ventil na linha de líquido e em geladeiras domésticas somente há acesso pelo tubo de processo na sucção.

O procedimento de vácuo é o mesmo dos menores aos maiores equipamentos de refrigeração por compressão de vapor.

Fluidos refrigerantes tipo mistura somente podem ser carregados na fase líquida e com tubulação em vácuo com cuidado para não entrar líquido no compressor e provocar avaria grave.

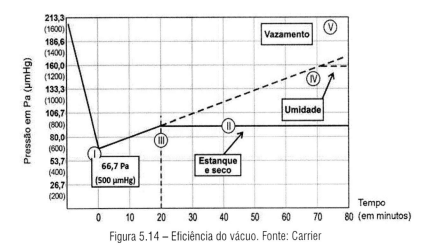

Figura 5.14 – Eficiência do vácuo. Fonte: Carrier

Observação: O procedimento descrito acima deverá ser repetido sempre que o circuito for aberto.

5.5 Limpeza do Sistema de Refrigeração e Lavagem

A limpeza das tubulações de baixa e alta pressão se faz necessário nos casos em que hajam altos níveis de contaminação, umidade e resíduos resultantes da queima das bobinas do motor elétrico. A limpeza deve ser realizada no evaporador, condensador e tubulações de interligação, o compressor dever ser removido do sistema.

A limpeza deve ser feita utilizando o desengraxante R 141b.
Na figura 5.15 ilustra o procedimento para lavagem com R141b.

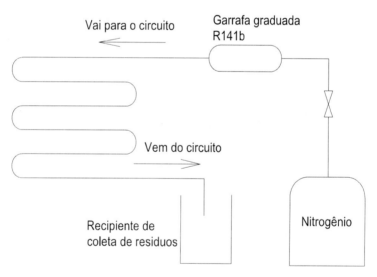

Figura 5.15 – Lavagem com R141b

- Em uma garrafa graduada colocar a quantidade de R141b necessária e interligá-la ao circuito e ao cilindro de nitrogênio;

Capítulo 5 - Ferramentas e Procedimentos de Instalação • **75**

- Colocar recipiente na saída do circuito para coletar os resíduos;

- Abrir o registro para o nitrogênio empurrar o R141b;

- Após sair todo R141b, dar um jato de nitrogênio para retirar eventuais resíduos do fluido de limpeza.

A lavagem externa faz necessária no ar condicionado porque os evaporadores e condensadores acumulam poeira e outros resíduos que dificultam a passagem do ar e também acumulam bactérias que causam danos a saúde. Em caso de instalações de split ou fancoils estes devem ser desmontados e as aletas e serpentinas devem ser lavadas com jato de água e produtos a base de ácido sulfônico diluído.

5.6 Exercícios

1. Quais os efeitos da umidade no circuito de refrigeração?
2. O ventilador do evaporador pode ser desligado com o compressor em funcionamento?
3. O compressor pode funcionar com o ventilador do condensador desligado?
4. Como são ligados os contatos elétricos dos pressostatos no circuito de comando do compressor?
5. Em ciclo de refrigeração como pode ser avaliada se a carga de fluido refrigerante está correta?
6. Pode-se carregar refrigerante R410 pela sucção do compressor?
7. Por que são usados múltiplos circuitos na serpentina de evaporadores grande?
8. Como é feita a refrigeração de compressores herméticos?
9. Quais os danos que podem provocar ao circuito de refrigeração uma carga excessiva de fluido refrigerante?
10. Explique a diferença entre a VET de equalizador interno e externo.
11. Como fazer teste de funcionamento em um motor monofásico e no capacitor?
12. É Correto completar carga de gás R410 em caso de vazamento?

13. É necessário sifão na linha de sucção em equipamentos com R410?
14. Qual a melhor forma de detectar vazamento, com pressurização ou vácuo?
15. Como detectar um micro vazamento?
16. O que ocorre durante as paradas prolongadas com o óleo lubrificante do compressor?
17. Ar condicionados de mesma capacidade frigorígena, mas com condensação a ar e outro a água podem ter COP (coeficiente de performance) diferentes? Justifique sua resposta.
18. Por que o tubo capilar não é utilizado em instalações de grande porte?

Capítulo 6 – Análise de Circuitos de Refrigeradores

6.1 Circuitos de Geladeira ou Freezers

As geladeiras podem ser classificadas de acordo com o tipo de degelo, o gelo é formado no interior das geladeiras devido ao vapor d'água que se condensa e transforma-se em gelo nas paredes internas, os tipos são eles:

6.1.1 Degelo Manual

Para as geladeiras com essa configuração é necessário fazer o degelo manualmente, desligando o aparelho e retirando os alimentos durante este período. A periodicidade do degelo depende de quanto esteja úmido o ar e de quanto de abertura da porta for realizada.

Na figura 6.1 está apresentado um diagrama elétrico de um freezer de degelo manual.

Características deste circuito:
- Sistema de partida por relé eletromecânico.
- Sistema de controle de temperatura por termostato.

Funcionamento

Para exemplificar, será considerado cabo marrom fase e cabo azul neutro.

Quando ligada na tomada, o neutro alimenta o protetor térmico e interruptor da lâmpada. Cabo fase alimenta o termostato e a lâmpada. Quando o termostato identificar que a temperatura aumentou acima do valor ajustado irá alimentar o relé eletromecânico. Quando a temperatura diminuir até o valor ajustado no termostato irá desligar o compressor.

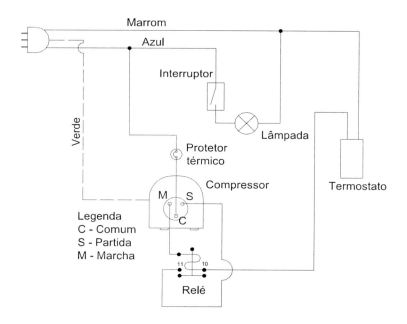

Figura 6.1 – Diagrama de geladeira com degelo manual.

6.1.2 Degelo Semiautomático

Segundo a Revista Clube da Refrigeração neste modelo não é necessário desligar o aparelho da tomada para fazer o descongelamento. O refrigerador pode continuar trabalhando normalmente durante o período de degelo, que deve ser feito a cada 3 meses.

6.1.3 Cycle Defrost

De acordo com a Revista Clube da Refrigeração, em geladeiras defrost há formação de gelo nas paredes internas da geladeira, mas em quantidade menor. A operação de degelo precisa ser feita manualmente duas vezes por ano. Na figura 6.2 está representado um circuito de uma geladeira defrost.

Características deste circuito:

- Sistema de partida por relé eletromecânico.
- Sistema de controle de temperatura por termostato. No termostato é possível controlar o nível de resfriamento e a opção para degelo.
- Dispõe de resistências de degelo.

Funcionamento

Para exemplificar será considerado cabo azul neutro e cabo marrom fase.

Quando ligada na tomada, o neutro alimenta o protetor térmico, lâmpada e fusível da resistência. Cabo fase alimenta o termostato e interruptor da lâmpada. Quando o termostato identificar que a temperatura aumentou acima do valor ajustado irá alimentar por meio do cabo preto o relé eletromecânico e ligará o compressor. Quando a temperatura diminuir até o valor ajustado no termostato irá desligar o compressor. Quando for ajustado o modo degelo no terminal 2 do termostato irá desligar o compressor e ligar a resistência de degelo.

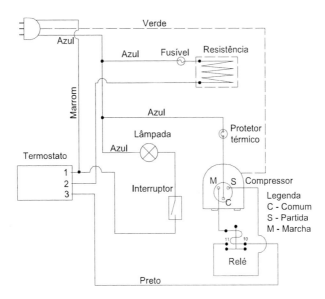

Figura 6.2 - Diagrama de geladeira defrost.

6.1.4 Frost Free

No refrigerador frost free (livre de gelo) não há formação de gelo nas paredes do evaporador evitando a necessidade de fazer o degelo manual periodicamente, o sistema de degelo é feito automático. Nos refrigeradores frostfree existe junto ao evaporador, um sistema de resistências elétricas que aquecem a superfície dos tubos. Essas resistências estão ligadas em série a um sensor bimetálico, que fecha contato elétrico na presença de gelo, e são acionadas por um temporizador e derrete o gelo que se forma no evaporador. Em modelos mais modernos todo controle é feito pela placa eletrônica principal e a temperatura é medida por termistores. O degelo acontece em intervalos regulares de tempo, que variam conforme o modelo, podendo ser a cada seis horas. O evaporador possui aletas para aumentar a transferência de calor entre a serpentina e o ar. O ar é movimentado por um ventilador.

A água do gelo que é derretido é drenada por uma tubulação interna da geladeira até uma bandeja coletora que fica na parte de trás acima do compressor. A água acumulada não precisa ser removida, pois ela se evapora com o calor do motor do compressor.

Circuito de Geladeira Frost Free com Temporizador Analógico (Timer Analógico)

Características do circuito da figura 6.3:

- Sistema de partida por relé eletromecânico.
- A condensação do tipo natural, não há ventilador para condensador.
- Sistema de controle de temperatura feito por termostato.
- Dispõe de uma resistência de degelo no evaporador e uma resistência no dreno, estas estão ligadas em paralelo, cada uma possui fusível térmico ligado em série. As resistências são alimentadas pelo terminal 4 do timer de degelo e pelo cabo azul interligado ao termostato de degelo.

- O controle de degelo é feito pelo timer de degelo, o motor do timer é alimentado pelo cabo do termostato no terminal 3 e pelo cabo azul no terminal 1.
- Termostato de degelo (bi metálico) ligado em série com as resistências para evitar de serem energizadas sem presença de gelo no evaporador.
- O conector 2 do timer de degelo alimenta o motor do compressor e o ventilador. O ventilador funciona somente com interruptor acionado (porta fechada)

Funcionamento

O cabo de alimentação marrom está ligado ao termostato e a lâmpada.

O termostato deverá ser ajustado previamente, quando a temperatura estiver acima do ajustado fechará o contato elétrico e alimentará o motor do timer no terminal 3.

O terminal 2 do timer irá alimentar o relé eletromecânico no terminal marcha do compressor e o ventilador.

Ao se atingir o tempo do ciclo de degelo, o timer irá comutar desligando o compressor e ventilador, ligará a resistência de degelo e resistência dreno no terminal 4. Estas resistências somente irão ligar se o termostato de degelo (bimetálico) identificar a presença de gelo e permanecerão ligadas por tempo de 20min a 30 min depois retornando a condição inicial.

Ao abrir a porta, o interruptor desliga o ventilador e liga a lâmpada.

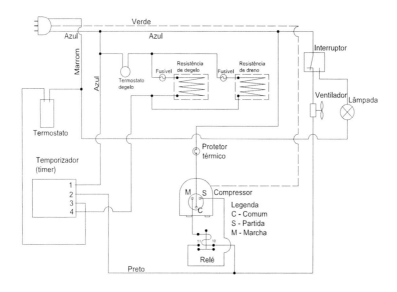

Figura 6.3 – Diagrama geladeira frost free com temporizador de degelo analógico.

Circuito de Geladeira Frost Free com Temporizador Digital

Na figura 6.4 está apresentado um diagrama elétrico de uma geladeira frost free com temporizador digital.

Características do circuito:

- Sistema de partida por relé eletromecânico.
- A condensação do tipo natural, não há ventilador para condensador.
- Sistema de controle de temperatura é feito pela placa principal.
- Existem dois sensores de temperatura, um localizado dentro da geladeira para controle da temperatura interna e outro próximo ao evaporador para controle do degelo automático.
- Dispõe de uma resistência de degelo.
- Placa do painel, IHM (interface homem máquina) onde se ajusta o set point.

Funcionamento

Considerando o cabo azul (neutro) e vermelho e preto (fase)
O cabo **azul** é o terminal comum que alimenta o ventilador do evaporador, resistência de degelo, lâmpada, e protetor térmico do compressor.

A placa principal identifica a temperatura interna da geladeira e liga ou desliga o motor do compressor no cabo **preto** conectado ao relé eletromecânico. Por meio da IHM é feito o set point de temperatura. Quando o sensor de temperatura medir temperatura igual ao do set point, a placa principal mandará desligar o motor do compressor.

Ao se atingir o tempo do ciclo de degelo, a placa principal desligará o motor do compressor e ligará a resistência de degelo no cabo **vermelho**. A resistência de degelo será acionada, mas somente se o sensor de degelo identificar gelo no evaporador.

O interruptor quando acionado pela abertura da porta ligará a lâmpada e acionará um alarme após decorrido um tempo para alertar que a geladeira está aberta.

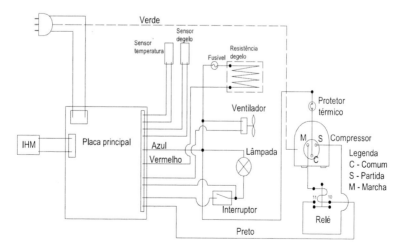

Figura 6.4 – Diagrama geladeira frost free.

Problemas mais comuns

A geladeira frost free não inicia ciclo se os sensores de temperatura estiverem defeituosos.

Vazamentos de água que podem ser provocados por: Ambiente úmido que não dá tempo da bandeja secar entre ciclos de degelo, baixa evaporação da água, dreno da água do evaporador obstruído. Cada caso deve ser investigado com detalhes.

Geladeiras com acúmulo de gelo não resfriam bem devido o gelo impedir a circulação de ar e ser um isolante térmico. Algumas prováveis causas podem ser: Resistência defeituosa, ventilador não liga, sensor de degelo defeituoso, etc.

6.1.5 Não Conformidades em Manutenção Corretiva de uma Geladeira Frost Free

A falta de conhecimento técnico leva a decisões equivocadas. Segue abaixo não conformidades de uma manutenção corretiva em uma geladeira frost free em que o técnico não fez o diagnóstico correto.

Filtro secador foi instalado na horizontal

O filtro somente deve ser instalado na vertical com saída para baixo. O filtro instalado na vertical evita desgaste por atrito do dessecante devido movimento junto com o fluido refrigerante, este atrito provoca desgaste do dessecante que pode obstruir o capilar. A figura 6.5 mostra a forma que o filtro secador foi instalado.

Figura 6.5 – Posição de instalação do filtro secador

A tubulação que faz o aquecimento da região da porta da geladeira foi eliminada.

Figura 6.6 – Corte da tubulação. Saída do condensador.

Na figura 6.6 percebe-se que a tubulação foi cortada utilizando ferramenta inadequada, pois a extremidade está estrangulada. Tal procedimento provocou uma mudança no projeto da geladeira diminuindo assim o circuito de refrigeração. Se a mesma quantidade de gás for colocada no circuito reduzido, danos graves podem acontecer entre eles: Retorno de líquido ao compressor, pressão de descarga elevada, superaquecimento do compressor, aumento da pressão de evaporação, carbonização das válvulas e perda de compressão.

Com a eliminação desse tubo ocorreu formação de condensado na região da porta da geladeira.

Alargamento de tubulação com ferramenta inadequada

O alargamento do filtro secador para brasagem com o tubo de saída do condensador não foi feito com ferramenta adequada conforme mostrado na figura 6.7. Neste caso percebe-se um alargamento excessivo. A folga incorreta entre tubos macho e fêmea pode prejudicar a ação da capilaridade no processo de brasagem.

Foi acrescentado pedaço extra de tubo que está mostrado na figura 6.7. Este pedaço interliga a saída do condensador e entrada do filtro secador. O excesso de uniões entre tubos aumenta a perda de carga e consequentemente o desempenho do equipamento

Figura 6.7 – Alargamento com ferramenta inadequada.

Queima do revestimento externo da geladeira

No processo de brasagem a chama do maçarico foi direcionada para a parte plástica da parte traseira da geladeira causando danos. A figura 6.8 mostra o dano causado.

Figura 6.8 – Dano na parte plástica da geladeira.

Mau acabamento das brasagens

É possível verificar em figuras anteriores e na figura 6.9 que os processos de brasagens executados não tiveram bom acabamento e excesso de material

Figura 6.9 – Brasagem mal feita no tubo de sucção

6.2 Câmara Fria

A câmara fria é o maior equipamento de refrigeração disponível para conservação de alimento ou produto. Pode ser classificada em dois tipos:

- Câmara para resfriados: Conservação de produtos em temperaturas próximas de 0 °C e umidade relativa elevada;

- Câmara de congelados: Finalidade é prolongar o período de estocagem dos produtos à baixa temperatura, em geral, abaixo de -18 °C;

Quanto ao tipo de construção ela pode ser classificada em dois tipos:

- Câmara em alvenaria: As paredes são construídas em alvenaria tradicional, após é colocado o isolamento térmico que pode ser poliuretano ou EPS (isopor).

- Câmara pré-moldadas: São construídas com o uso de painéis isolantes com rigidez estrutural obtida com acoplamento do isolante e camadas de revestimento metálico de galvalume ou aço inoxidável. Permitem menor tempo de construção, economia nas fundações, mais praticidade na ampliação e na remoção.

Para conservação de alimentos é necessária alta umidade, da ordem de 85% a umidade relativa do ar, para evitar que frutas, legumes e frutas se ressequem. As unidades evaporadoras para estas aplicações devem trabalhar com diferença de temperatura da ordem de 6ºC. é definido como sendo a diferença entre a temperatura interna na câmara e a temperatura de evaporação do fluido. As unidades evaporadoras para esta aplicação têm em torno de 5 aletas por polegadas para diminuir a troca de calor e evitar a condensação do vapor d'água.

6.2.1 Circuito Frigorígeno de Câmara Fria

O circuito frigorígeno de uma câmara fria está representado na figura 6.10, ele é semelhante aos estudados anteriormente nos ciclos de refrigeração por compressão de vapor, mas incluídos alguns itens de proteção.

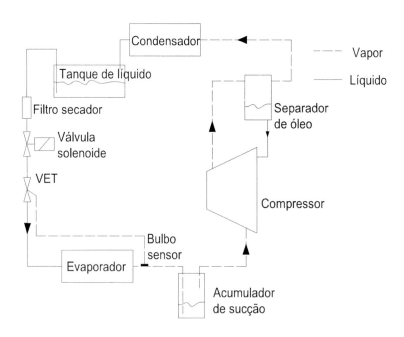

Figura 6.10 – Circuito frigorígeno de câmara fria

Os componentes que são acrescentados no ciclo são: Tanque de líquido, separador de óleo e válvula solenoide. A válvula solenoide é uma válvula normalmente fechada, ela é comandada pelo termostato que mede a temperatura do local a refrigerar, quando a temperatura está inferior ao ajustado ela é desenergizada bloqueando assim a passagem do fluido refrigerante, o compressor continua em funcionamento e comprimindo todo o fluido no circuito de alta pressão, ao ser resfriado o fluido se transforma em líquido e fica armazenado no tanque de líquido, o compressor é desligado pela atuação do pressostato de baixa pressão. Quando a temperatura aumenta o termostato energiza a válvula solenoide e o fluido começa a se estabilizar no circuito, devido ao aumento de pressão, o compressor é acionado e o ciclo começa a funcionar novamente.

A regulagem dos pressostatos de alta e baixa pressão deve ser feita determinando as pressões correspondentes para as temperaturas de saturação do fluido nas câmaras frias.

No compressor deve haver resistência de cárter, esta é uma proteção contra a presença de pequenas quantidades de fluido refrigerante no estado líquido acumulado no cárter do compressor, ela evapora esse fluido evitando assim, uma possível falha do compressor por falta de lubrificação.

Uma câmara fria é formada em geral por um conjunto de componentes que podem ser fornecidos por fabricantes diferentes, por exemplo:

- Unidade condensadora composta por compressor, condensador, tanque de líquido, separador de óleo acumulador de sucção e caixa elétrica de acionamento.

- Unidade evaporadora composta por evaporador e válvula de expansão.

- A empresa que for instalar irá fornecer os painéis isolantes, tubulação, instalar na linha de líquido o filtro secador e válvula solenoide, fornecer quadro de automação da câmara fria com controlador para resfriamento e degelo.

O diagrama elétrico da figura 6.11 é de uma unidade condensadora de uma câmara fria, os contatos elétricos dos pressostatos PA e PB são ligados em série com a bobina do contator K. Quando a bobina do contator é desenergizada pela abertura do pressostato PA os contatos auxiliares de K desligam o motor do compressor e o motor do ventilador.

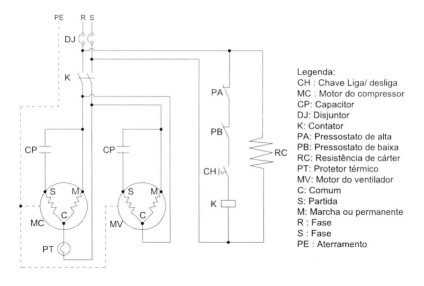

Figura 6.11 – Circuito de unidade condensadora.

O controlador deve ser utilizado para fazer o controle de resfriamento, degelo da câmara frigorífica. Na figura 6.12 está representado o esquema de ligação de um controlador da marca Full Gauge, modelo TC-940Ri plus. Na conexão 7 é possível ligar a válvula solenoide, e os controles de ligar e desligar o compressor são feitos no circuito elétrico da unidade condensadora representados na figura 6.11. Na conexão 9 liga-se o ventilador da unidade evaporadora e na conexão 10 liga-se as resistências de degelo.

Capítulo 6 — Análise de Circuitos de Refrigeradores • 91

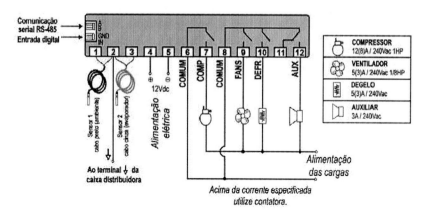

- O sensor S1 deve ficar no ambiente (preto).

Figura 6.12 – Esquema de ligação de controlador. Fonte: Full Gauge.

Capítulo 7 - Ar-Condicionado Tipo Split

A climatização de ambiente com ar-condicionado de janela (ACJ) ou split é uma solução simples, prática e mais econômica para pequenos ambientes residenciais e para escritórios.

Uma das limitações dos splits é a distância máxima entre a unidade interna (evaporador) e a unidade externa (condensador) que para modelos que utilizam compressores rotativos está limitada a aproximadamente 15 metros. Uma das desvantagens dos splits é na estética dos edifícios que ficam com muitas unidades condensadoras. Na figura 7.1 mostra uma fachada de uma escola com excesso de condensadoras.

Figura 7.1 – Fachada de uma escola no centro de Manaus

7.1 Análise de Um Circuito Elétrico de um Split

O circuito apresentado nas figuras 7.3 e 7.4 são de um ar-condicionado modelo piso-teto de 48000 btu/h, fluido refrigerante R22, somente frio da marca Carrier. Estes diagramas estão disponíveis no manual do fabricante que acompanha o equipamento.

Na figura 7.2 está apresentado um esquema da interligação elétrica entre a condensadora e evaporadora. A alimentação elétrica deve ser feita na régua de borne da unidade condensadora nos terminais **R, S, T**, os cabos **L** e **N** alimentam a placa principal que está localizada na unidade evaporadora.

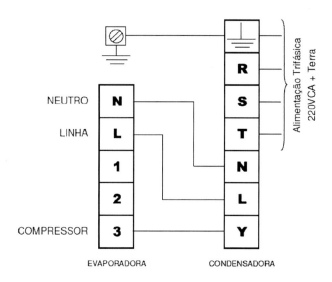

Figura 7.2 – Interligação elétrica. Fonte: Carrier

Na figura 7.3 está apresentado um diagrama elétrico da placa principal. Esta placa é responsável por controlar o funcionamento do equipamento. A placa receptora recebe o sinal do controle remoto e envia para placa principal com o set point de temperatura, ela está interligada à placa principal pelo conector **10 (CN10)**. O sensor CS mede a temperatura da serpentina do evaporador, o **sensor RS** mede a temperatura do ambiente, ambos estão no conector **7 (CN7)**. Quando a temperatura ambiente estiver maior que o valor do set point, a placa principal energiza a saída **número 3** para acionar o compressor e o ventilador da unidade condensadora. As interligações **1** e **2** da régua de borne não são utilizadas no modelo "somente esfria".

O conector 16 (CN16) alimenta o motor do ventilador da unidade evaporadora.
O conector 13 (CN13) alimenta o motor de passo que direciona o fluxo de ar.
O conector 2 (CN2) é a interligação do transformador.

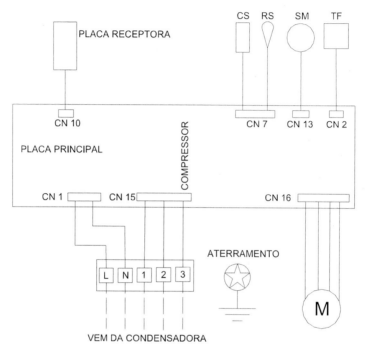

Figura 7.3 – Esquema elétrico da placa principal. Fonte : Adaptado da Carrier

Na figura 7.4 está apresentado um diagrama elétrico da unidade condensadora. O motor do compressor é acionado pelas fases **R, S, T**, quando o contator **C** é acionado. O acionamento do contator é realizado quando a placa principal energiza o comando em **Y**, a bobina do contator **C** está em série do pressostato de alta **HPS** e pressostato de baixa **LPS**.

O acionamento do motor do ventilador do condensador é realizado pelas fases S e **T** e depende do acionamento do contator para chegar a fase **T** no motor, identificado pelo cabo preto **PRT**, a fase **S** está ligada diretamente ao motor através do cabo AZL.

96 • Princípios de Refrigeração e Ar Condicionado

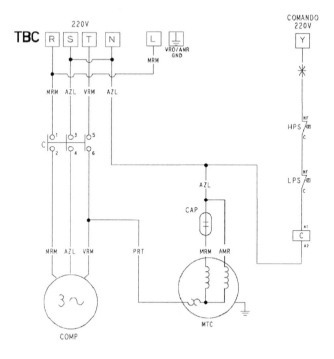

Figura 7.4 – Diagrama elétrico da condensadora. Fonte: Carrier

A localização dos pressostatos de alta e de baixa está representada na figura 7.5. O capacitor do motor do ventilador e contator estão representados na figura 7.6.

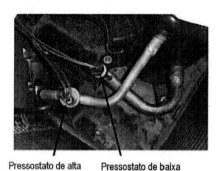

Figura 7.5 – Localização dos pressostatos

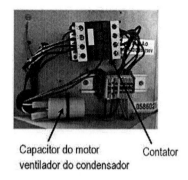

Figura 7.6 – Localização do contator e capacitor.

7.2 Instalação

Não serão abordados todos os itens necessários para a instalação, pois seria uma repetição do manual de instalação do fabricante, serão abordados os principais itens. Para uma perfeita instalação de um split ou qualquer outro equipamento sempre devem ser seguidas as instruções contidas no manual. Pode haver recomendações diferentes entre as marcas.

7.2.1 Posicionamentos da Unidade Condensadora e Unidade Evaporadora

A Carrier estabelece as seguintes recomendações para posicionamento de seus equipamentos:

A unidade evaporadora deve ser instalada de modo a evitar eventuais interferências com quaisquer tipos de instalações já existentes. Deve ficar livre de qualquer tipo de obstrução da circulação de ar, tanto na saída de ar como no retorno de ar. O local deve ter espaço suficiente que permita reparos ou serviços de manutenção em geral e possibilitar a passagem das tubulações (tubos do sistema, fiação elétrica e dreno). A unidade deve estar nivelada após a sua instalação.

A unidade condensadora deve ser montada em calços de borracha, local de pouca poeira, ter distanciamento mínimo entre as paredes, teto e entre outras unidades condensadoras de maneira que a descarga de ar de uma unidade seja a tomada de ar da outra. **Deve ser observado no manual de instalação o distanciamento mínimo.**

Para instalação de equipamento de outros fabricantes devem ser observadas as recomendações do manual de instalação.

7.2.2 Tubulações de Interligação

Para saber a bitola do tubo de interligação deve ser consultado o manual do fabricante. A distância mínima entre condensadora e evaporadora deve ser de 3 metros para evitar ruídos da expansão do fluido na evaporadora. O comprimento equivalente máximo de tubulação é em torno de 20 metros. O comprimento equivalente leva em consideração o comprimento linear e as curvas. Para distâncias maiores é necessário aumentar a bitola do tubo e instalar acumulador de sucção. A instalação do equipamento em distâncias maiores sem obedecer às recomendações do fabricante é motivo para perda de garantia do produto em caso de pane.

Quando a unidade condensadora está acima da unidade evaporadora deve ser feito sifão a cada 3 metros, conforme mostrado na figura 7.7, ou outra distância recomendada no manual do fabricante, isto deve ser feito porque o óleo lubrificante se mistura com o fluido refrigerante e se movimenta pelo circuito, e o sifão permite seu retorno para o compressor. Quando a unidade condensadora está abaixo da evaporadora deve ser feito sifão para evitar retorno de líquido para o compressor.

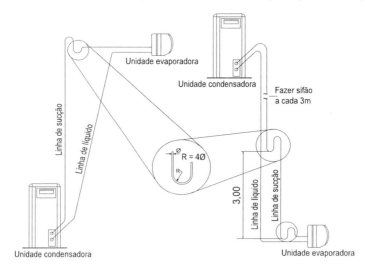

Figura 7.7 - Instalação de tubulação.

Ao cortar os tubos deve-se remover as rebarbas das extremidades, para removê-las deve-se utilizar rebarbador com a extremidade do tubo voltada para baixo para garantir que partículas não caiam no interior do tubo evitando entupimento do dispositivo de expansão. Fazer flange na extremidade do tubo com o flangeador, fazer o aperto inicial da porca com as mãos e em seguida utilizar torquímetro para aperto final, este procedimento deve ser feito para interligação na condensadora, evaporadora ou acessórios da instalação.

7.2.3 Isolamento Térmico das Tubulações

O isolamento térmico deve ser nas duas tubulações de interligações para evitar aumento excessivo do superaquecimento na linha de sucção e evaporação do fluido na linha de líquido, pois o dispositivo de expansão está dentro ou próximo a unidade condensadora. Os tubos e os cabos devem todos ser envolvidos por uma fita de pvc de proteção, conforme mostrado na figura 7.8.

O isolamento a ser utilizado deve ser da mesma bitola do tubo para evitar condensação. Os materiais do isolamento são de borracha elastomérica ou polietileno expandido. Não podem propagar chama, devem ser resistentes à radiação solar.

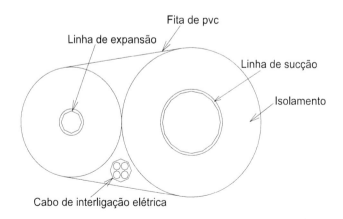

Figura 7.8 – Isolamento das tubulações.

100 • Princípios de Refrigeração e Ar Condicionado

7.2.4 Carga de Fluido Refrigerante e Acionamento do Equipamento

Em algumas marcas, a unidade condensadora já vem com fluido refrigerante para 7,5 metros de comprimento de tubulação, para comprimento maior deve ser calculada a quantidade a ser acrescentada conforme recomendação do manual do fabricante e medido o superaquecimento. Em equipamentos com R410 a carga de fluido a ser completada deve ser feita com a tubulação em vácuo, isso porque após liberado o fluido do condensador, o fluido a ser acrescentado pode não entrar em sua totalidade e pode correr o risco de retornar líquido para o compressor.

O R410 deve ser adicionado na fase líquida, para isso, deve-se inverter a garrafa com o fluido refrigerante, a quantidade a ser adicionada deve ser medida com a balança. Para liberar o fluido refrigerante da unidade condensadora deve-se abrir as válvulas 3 e 4 representadas na figura 7.9.

Em equipamentos trifásicos deve-se usar um fasímetro para determinar a sequência correta das fases para o motor do compressor não girar no sentido contrário. Após acionar o equipamento, deve-se medir a corrente do compressor e comparar com o valor do manual, deve-se medir a temperatura do ar da entrada e saída do evaporador, a diferença deve ser de no mínimo 10 °C.

7.3 Procedimento para Desinstalar Split

Para fazer a lavagem na evaporadora é necessário retirá-la do lugar e desmontar. Para isso faz-se necessário recolher todo gás para desconectar a tubulação. Ver figura 7.9.

Procedimento:
1. Ligar o equipamento;
2. Remover as tampas das válvulas (1);
3. Conectar mangueira do manifold na válvula ventil (schrader) (2);

4. Fechar a válvula da linha de alta pressão (linha de líquido) (3);
5. Esperar a pressão no manômetro marcar zero;
6. Quando atingido pressão zero, desligar o equipamento ou desconectar cabo de alimentação elétrica e fechar válvula de sucção (4).

O fluido foi todo recolhido para o condensador e armazenado na forma líquida. Em modelos que possuem pressostato de alta, o compressor irá desligar automaticamente.

Figura 7.9 – Procedimento para desinstalação em equipamento Carrier.

7.4 Não Conformidades em Instalação de Split

Fotos	Descrição da não conformidade
	Instalação da unidade condensadora muito próxima á parede e suporte muito pequeno.

Unidade condensadora instalada com a descarga do ventilador voltada para a parede.

Brasagem mal feita das tubulações

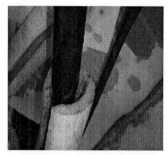

Isolamento térmico de diâmetro inadequado para a tubulação

Linha de líquido sem isolamento térmico. Isolamento da sucção cortado.

Capítulo 8 – Expansão Indireta

8.1 Central de Água Gelada (CAG)

Quando há necessidade de se climatizar grandes ambientes como aeroportos, shopping centers, a melhor opção é a climatização por expansão indireta, devido às altas cargas térmicas, grandes dimensões da edificação que dificultaria posicionamentos próximos entre unidade evaporadora e unidade condensadora. Nestes casos em uma área da edificação deve ser instalada a central de água gelada CAG.

Na figura 8.1 está representado um chiller. O chiller é um equipamento que concentra todo o ciclo termodinâmico e resfria a água. A água gelada resfriada nos chillers, é bombeada e distribuída por uma rede de tubulações com isolamento térmico, para todas as áreas que serão climatizadas. O resfriamento do ar é realizado em um trocador de calor chamado de fancoil que está representado na figura 8.2, ele é composto por um ventilador que movimenta o ar e por uma serpentina na qual circula a água gelada. Os fancoils podem ser de grande porte, instalados em casas de máquinas e com a distribuição do ar por dutos ou ainda podem ser aparentes de pequeno porte chamados de fancoletes, estes semelhantes a um split.

Figura 8.1 – Chiller centrífugo. Fonte: Carrier   Figura 8.2 – Fancoil. Fonte: Trox

Na figura 8.3 está representado um fluxograma de uma CAG, nela tem um chiller com condensação a ar, bombas de água gelada, fancoil, tanque de expansão, alimentação e retorno da água gelada.

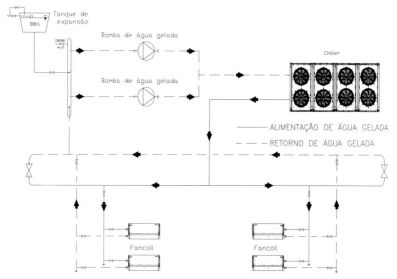

Figura 8.3 – Fluxograma de uma instalação de água gelada.

8.2 Chiller

O chiller efetua o resfriamento da água que circula no interior das tubulações hidráulicas que alimentam os fancoils. O calor que foi absorvido pela água é transferido para o fluido refrigerante no evaporador que circula no sistema fechado de refrigeração, o calor absorvido pelo fluido refrigerante no evaporador será rejeitado no condensador liberando-o para a atmosfera.

Os chillers podem ser de condensação a ar, que está representada na figura 8.4 ou condensação a água que está representada na figura 8.5. Existem modelos disponíveis com compressor scroll, parafuso e centrífugo. Os evaporadores são do tipo casco tubo.

Vantagem de condensação a ar

- Mais usual para instalações de pequeno porte;
- Custo de instalação menor;
- Maior flexibilidade para instalação de climatização em ambientes provisórios.

Desvantagem de condensação a ar

- Custo do equipamento maior;
- O chiller tem que estar em contato com o ambiente externo;
- A eficiência do processo de rejeição de calor depende da temperatura ambiente.

Vantagem de condensação a água

- Mais usual para instalações de grande porte;
- Custo do equipamento menor;
- Menor consumo de energia;
- O chiller pode ser instalado em qualquer lugar da edificação, por exemplo no subsolo.
- Mais compactos comparados com um de mesma capacidade.

Desvantagem de condensação a água

- Custo de instalação maior devido aos custos adicionais de infraestrutura de água de condensação, bombas de água de condensação e torres de arrefecimento;
- Consumo de água devido a evaporação na torre;
- Os custos de manutenção são maiores.

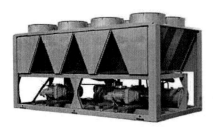 

Figura 8.4 – Chiller de condensação a ar e compressor parafuso. Fonte: Carrier

Figura 8.5 – Chiller de condensação a água e compressor parafuso. Fonte: Carrier

8.2.1 Parâmetros de Seleção

Os parâmetros para seleção do chiller são os parâmetros disponíveis no projeto da instalação. Entre eles: carga térmica, temperatura de entrada e saída da água, vazão da água. Outras informações disponíveis no manual do fabricante são necessárias para projeto do circuito hidrônico e dimensionamento das bombas, é necessário saber, por exemplo, a perda de carga no evaporador, qualidade da água.

Para modelo de condensação à ar é necessária a temperatura de entrada do ar no condensador.

Para modelo de condensação á água é necessário obter parâmetros do manual do fabricante para dimensionamento do circuito de água de condensação para dimensionamento da torre de resfriamento, bombas e tubulação. Por exemplo, temperatura de entrada e saída da água, vazão da água.

Em geral, a seleção do equipamento é feita por um representante comercial da marca. Então, na solicitação da proposta comercial, o melhor é enviar uma tabela com campos de dados de projeto e outros campos a serem preenchidos pelo representante, como especificações e parâmetros do equipamento. Na tabela 8.1 está representado um modelo de tabela.

Tabela 8.1 – Dados de chiller

Nome da Obra:

TABELA DO CHILLER COM CONDENSAÇÃO A ÁGUA					
		UNIDADE	DADOS DE PROJETO	DADOS DO REPRE-SENTANTE	
1	Local instalado				
2	Quantidade				
3	Capacidade	TR			
		W			
CARACTERÍSTICAS DO COMPRESSOR					
4	Tipo do compressor				
5	Modelo				
6	Número de compressores				
7	Gás refrigerante				
8	Temp. de evaporação	°C			
9	Temperatura de condensação	°C			
10	Rotação	rpm			
11	Potência	kW			
12		CV			
13	Tensão	(V/Hz/F)			
CARACTERÍSTICAS DO EVAPORADOR					
14	Tipo do evaporador				
15	Vazão total	m³/h			
16	Temperatura de entrada da água	°C			
17	Temperatura de saída da água	°C			
18	Perda de carga	mca			
19	N° de evaporadores				
CARACTERÍSTICAS DO CONDENSADOR					
20	Tipo do condensador				
21	Vazão total	m³/h			

22	Temperatura de entrada da água	°C				
23	Temperatura de saída da água	°C				
24	Perda de carga	mca				
25	Nº de condensadores					
OUTROS DADOS						
26	Peso em operação	kg				
27	Nível de ruído	dB				
28	Modelo de referência					
29	Fabricante					
30	Observações					

8.2.2 Instalação

O local para a instalação deve ter uma infraestrutura necessária recomendada pelo fabricante. Entre eles:

- Boa iluminação;
- Suprimento de energia elétrica adequado ao equipamento, dimensionado conforme NBR 5410;
- Sistema adequado para o suprimento e drenagem de água;
- Proteção contra intempéries e raios solares. Em chillers de condensação a ar devem ser instalados em ambiente aberto fora de um galpão;
- Proteção contra fontes de calor;
- Proteção contra fonte geradora de energia eletromagnética;
- Espaço para manutenção;
- Fundação apropriada com dispositivos de amortecimento;

8.2.3 Interligação das Tubulações

- A interligação do chiller com as tubulações deve ser com juntas flexíveis para evitar transmitir vibração;

- Instalar válvulas de balanceamento para regulagem da vazão;
- Instalar válvulas de bloqueio na entrada e saída do trocador de calor;
- Instalar conexões roscadas nas tubulações de entrada e saída para instalar manômetros e termômetros;
- Instalar conexão na parte superior da tubulação para purga de ar;
- Instalar conexão para válvula na parte de baixo da tubulação para dreno da água;
- Instalar filtro Y na tubulação de entrada da água do evaporador e condensador;
- Fazer isolamento térmico das tubulações de água gelada e suas conexões;
- Instalar chave de fluxo nas saídas dos circuitos do evaporador e condensador. Esta chave de fluxo tem a finalidade de não permitir a partida do compressor se não houver a circulação de água no condensador e evaporador. Deve ser instalada próxima ao chiller, a interligação elétrica delas deve ser em série.

8.3 Parâmetros de Projeto

Um projeto de climatização deve buscar soluções que atendam às necessidades e os objetivos do empreendimento dentro das disponibilidades previstas no orçamento.

Segundo a ABRAVA a seleção do sistema adotado deve levar em consideração o investimento inicial da obra, parâmetros de custo operacional, condições para manutenção, custos complementares e interferências sobre edificação e demais instalações.

8.3.1 Bases para os Cálculos

Condições externas

As condições externas devem ser consultadas na NBR 16401, pois variam de lugar para lugar. Utilizar valor mais crítico.

Condições internas

Para cada uma das áreas devem ser adotadas a temperatura e umidade relativa de acordo com os seus requisitos específicos. Por exemplo, temperatura de bulbo seco 24°C, umidade interna: 60 %. A umidade interna pode ser estabelecida sem um controle específico. Caso seja uma climatização de um laboratório ou sala limpa faz-se necessário um sistema de controle com resistências de aquecimento e umidificação.

8.3.2   Cargas Térmicas

Fontes internas de calor

Iluminação: Consultar a NBR 16401 ou coletar dados do projeto elétrico.

Quantidade de pessoas que poderá ser estimada conforme NBR 6401. Para a carga térmica, devido às pessoas, deve ser determinado o calor sensível e latente. Potência elétrica dos equipamentos.

Fontes de calor externo

No cálculo deve ser levado em consideração a insolação e a transmissão de calor por condução através de paredes e telhado. Em insolação muito alta e, caso seja necessário, deve ser considerado isolamento térmico da cobertura ou paredes.

Taxa de ar exterior

O ar exterior é necessário para fazer a renovação de ar para remoção de odores e manter a quantidade de CO_2 inferior a 1000 ppm. Resolução número 9, de 16 de janeiro de 2003, da Agência Nacional de Vigilância Sanitária - ANVISA estabelece que ambientes climatizados devem ter uma renovação de ar mínima de 27 m^3/h/ pessoa. Este ar deve entrar no ambiente filtrado, conforme estabelece a NBR 6401, esta mesma norma estabelece critérios para cálculo da taxa de renovação de ar.

O ar externo que entra no ambiente fornece calor sensível e latente devido estar com umidade relativa diferente.

O calor sensível pode ser calculado por:

$$Q = q\rho c\Delta t$$

Onde: Q : Calor (W)
q : Vazão (m³/s)
ρ : Densidade do ar, 1,2 kg/m³
c : Calor específico do ar, 1000 J/kg ºC
Δt : Variação de temperatura, ºC

O calor latente pode ser determinado pela diferença entre o calor total e o calor sensível:

$$Q = q\rho[(h_e - h_i) - c\Delta t]$$

Onde:
Q : Calor (W)
q : Vazão (m³/s)
ρ : Densidade do ar, 1,2 kg/m³
h_e : Entalpia externa, J/kg de ar seco
h_i : Entalpia interna, J/kg de ar seco
c : Calor específico do ar, 1000 J/kg ºC
Δt : Variação de temperatura

Os valores das entalpias devem ser determinados na carta psicrométrica. Foi considerado o valor de 1,2 kg/m³ para a densidade do ar, para diferentes temperaturas este parâmetro pode ser determinado com o valor do volume específico elevado ao expoente -1, o volume específico deve ser consultado na carta psicrométrica.

8.3.3 Cálculo da Vazão de Ar Necessária

É necessário calcular a vazão de ar necessária para manter o ambiente climatizado a uma temperatura preestabelecida em projeto. A vazão de ar necessária pode ser determinada pela equação abaixo.

112 • Princípios de Refrigeração e Ar Condicionado

$$q = \frac{Q}{\rho c \Delta t}$$

Onde: Q : Calor sensível (W)

q : Vazão (m³/s)

ρ : Densidade do ar, 1,2 kg/m³

c : Calor específico do ar, 1000 J/kg °C

Δt : Variação de temperatura, °C

Os equipamentos de ar-condicionados padrões são fabricados para operarem com vazão de 680 m³/h por TR e diferença de temperatura mínima entre a entrada e saída do ar do evaporador de 10 °C. O projeto de climatização deve ser feito para atender estes parâmetros, caso contrário será necessário um equipamento especial com custo de fabricação mais elevado.

8.3.4 Cálculo da Vazão de Água Gelada

Para sistemas de expansão indireta a água não sofre mudança de fase, há somente calor sensível. A vazão de água pode ser determinada pela equação abaixo.

$$q = \frac{Q}{\rho c \Delta t}$$

Onde: Q : Carga térmica (W)

q : Vazão (m³/s)

ρ : Densidade da água, 1000 kg/m³

c : Calor específico da água, 4180 J/kg °C

Δt : Variação de temperatura da água entre a entrada e a saída da serpentina °C

8.4 Tubulação

A tubulação usada para água gelada pode ser de pvc, aço galvanizado, ou aço carbono. Os tubos de pvc utilizados são os fabricados conforme a NBR 5648, os tubos de aço galvanizado podem ser os fabricados conforme NBR 5580. Os tubos de aço carbono mais usados são os da série schedule 40.

Para o dimensionamento da tubulação deve-se fazer a distribuição da tubulação no layout para atender todos os pontos requeridos.

8.4.1 Determinação do Diâmetro

O diâmetro do tubo deve ser determinado pelo método da velocidade recomendada. A NBR 6401 estabelece as velocidades conforme tabela 8.2.

Tabela 8.2 – Velocidade recomendada. Fonte: NBR 6401

Aplicação	Velocidade (m/s)
Recalque de bombas	2,4 a 3,6
Sucção de bombas	1,2 a 2,1
Geral	1,5 a 3,5

Após determinada a vazão de água gelada e nos ramais, o diâmetro pode ser determinado pela equação abaixo.

$$q = V \cdot A$$

Onde: q : Vazão (m³/s)
V : Velocidade (m/s)
A : Área (m²)

8.4.2 Cálculo da Perda de Carga

A perda de carga pode ser localizada devido a acessórios como válvulas, conexões e trocadores de calor, a perda de carga distribuída ocorre em trechos retos da tubulação. A perda de carga total é soma das perdas localizadas e distribuídas

Para determinar a perda de carga localizada é necessário determinar o comprimento equivalente das conexões e acessórios. Na tabela 8.3 estão representados os comprimentos equivalentes de algumas conexões.

Tabela 8.3 - Comprimento equivalente de conexões. Fonte : KSB

Diâmetro (mm)	Diâmetro (pol)	Válvula de retenção tipo pesado	Válvula de retenção tipo leve	Saída de canalização	Válvula de pé e crivo	Te saída bilateral	Te saída de lado	Te passagem direta	Registro de ângulo aberto	Registro de globo aberto	Registro de gaveta aberto	Entrada de borda	Entrada normal	Curva 45°	Curva 90° R/D-1	Curva 90° R/D-1½	Cotovelo 45°	Cotovelo 90° raio curto	Cotovelo 90° raio médio	Cotovelo 90° raio longo
13	½	1,6	1,1	0,4	3,6	1,0	1,0	0,3	2,6	4,9	0,1	0,4	0,2	0,2	0,3	0,2	0,2	0,5	0,4	0,3
19	¾	2,4	1,6	0,5	5,6	1,4	1,4	0,4	3,6	6,7	0,1	0,5	0,3	0,2	0,4	0,3	0,3	0,7	0,6	0,4
25	1	3,2	2,1	0,7	7,3	1,7	1,7	0,5	4,6	8,2	0,2	0,7	0,3	0,2	0,5	0,3	0,4	0,8	0,7	0,5
32	1¼	4,0	2,7	0,9	10,0	2,3	2,3	0,7	5,6	11,3	0,2	0,9	0,4	0,3	0,6	0,4	0,5	1,1	0,9	0,7
38	1½	4,8	3,2	1,0	11,6	2,8	2,8	0,9	6,7	13,4	0,3	1,0	0,5	0,3	0,7	0,5	0,6	1,3	1,1	0,9
50	2	6,4	4,2	1,5	14,0	3,5	3,5	1,1	8,5	17,4	0,4	1,5	0,7	0,4	0,9	0,6	0,8	1,7	1,4	1,1
63	2½	8,1	5,2	1,9	17,0	4,3	4,3	1,3	10,0	21,0	0,4	1,9	0,9	0,5	1,0	0,8	0,9	2,0	1,7	1,3
75	3	9,7	6,3	2,2	20,0	5,2	5,2	1,6	13,0	26,0	0,5	2,2	1,1	0,6	1,3	1,0	1,2	2,5	2,1	1,6
100	4	12,9	8,4	3,2	23,0	6,7	6,7	2,1	17,0	34,0	0,7	3,2	1,6	0,7	1,6	1,3	1,3	3,4	2,8	2,1
125	5	16,1	10,4	4,0	30,0	8,4	8,4	2,7	21,0	43,0	0,9	4,0	2,0	0,9	2,1	1,6	1,9	4,2	3,7	2,7
150	6	19,3	12,5	5,0	39,0	10,0	10,0	3,4	26,0	51,0	1,1	5,0	2,5	1,1	2,5	1,9	2,3	4,9	4,3	3,4
200	8	25,0	16,0	6,0	52,0	13,0	13,0	4,3	34,0	67,0	1,4	6,0	3,5	1,5	3,3	2,4	3,0	6,4	5,5	4,3
250	10	32,0	20,0	7,5	65,0	16,0	16,0	5,5	43,0	85,0	1,7	7,5	4,5	1,8	4,1	3,0	3,8	7,9	6,7	5,5
300	12	38,0	24,0	9,0	78,0	19,0	19,0	6,1	51,0	102,0	2,1	9,0	5,5	2,2	4,8	3,6	4,6	9,5	7,9	6,1
350	14	45,0	28,0	11,0	90,0	22,0	22,0	7,3	60,0	120,0	2,4	11,0	6,2	2,5	5,4	4,4	5,3	10,5	9,5	7,3

Número de Reynolds

O número de Reynolds é uma relação entre as forças de inércia e as forças viscosas do fluido. Pode ser determinado pela equação abaixo:

$$Re = \frac{\rho V d}{\mu}$$

Onde: Re : Número de Reynolds

ρ : Densidade da água ,1000 kg/m³

V : Velocidade (m/s)

d : Diâmetro interno do tubo (m)

μ : Viscosidade absoluta da água, 0,0013 Pa.s.

Para temperatura diferente da faixa de 7 ºC a 12ºC deve-se consultar valor da viscosidade.

Fator de atrito

O fator de atrito deve ser calculado pela equação de Colebrook para escoamento em regime de transição ou turbulento.

$$f = \left\{ \frac{1}{1,14 + 2\log\dfrac{d}{\varepsilon} - 2\log\left[1 + \dfrac{9,3}{\mathrm{Re}\left(\dfrac{\varepsilon}{d}\right)\sqrt{f}}\right]} \right\}^{2}$$

Onde:

Re : Número de Reynolds

d : Diâmetro interno do tubo (m)

ε : Rugosidade do tubo (m)

f : Fator de atrito

Para tubos de aço novo deve ser considerada rugosidade 0,00020 m.

Perda de carga

A perda de carga na tubulação deve ser calculada pela equação de Darcy.

116 • Princípios de Refrigeração e Ar Condicionado

$$J = f \frac{L}{d} \frac{V^2}{2g}$$

Onde: J : Perda de carga (mca)

f : Fator de atrito

L : Comprimento total (m)

V : Velocidade (m/s)

d : Diâmetro interno do tubo (m)

g : Aceleração da gravidade, 9,8 m/s^2

O comprimento total **L** é a soma do comprimento de tubo reto e comprimento equivalente.

Os fabricantes dos chillers, fancoil e torres de resfriamento fornecem os valores das perdas de cargas nos trocadores de calor. No cálculo da perda de carga do circuito de água gelada deve ser somada a perda de carga no evaporador e fancoil. No circuito de água de condensação deve ser somado o valor da perda de carga no condensador e torre de resfriamento.

Altura Manométrica da bomba

Em **sistemas hidrônicos de água gelada** não se leva em consideração as variações de desníveis topográficos para cálculo da altura manométrica, pois a água circula em um circuito fechado. O reservatório não é pressurizado.

$$H = \left(\frac{V_s^2}{2g} - \frac{V_e^2}{2g} \right) + J$$

Onde:

H : Altura manométrica da bomba, mca;

J : Perda de carga (mca)

V_s : Velocidade de saída da água na bomba (m/s)

V_e : Velocidade de entrada da água na bomba (m/s)

g : Aceleração da gravidade, 9,8 m/s^2

Para seleção da bomba centrífuga é necessário fazer a superposição da curva de perda de carga do encanamento e a curva da bomba para determinar o ponto de funcionamento do sistema. A interseção entre as curvas é o ponto de funcionamento. Neste ponto, toda a energia fornecida pela bomba é absorvida pelo encanamento. Na figura 8.6 está representado um gráfico com a curva da instalação.

As bombas centrífugas podem ser classificadas quanto ao tipo de montagem em monobloco ou de mancal. Na monobloco o motor elétrico e a bomba estão juntos, na de mancal a bomba é independente do motor elétrico. Na figura 8.7 está representado um desenho com detalhes de montagem de uma bomba de água gelada do tipo mancal, no desenho estão representados acessórios mínimos para uma boa instalação.

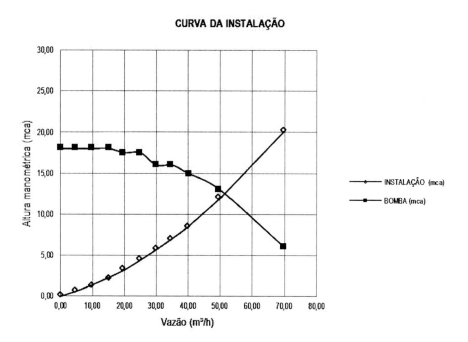

Figura 8.6 – Curva de uma instalação de bombeamento.

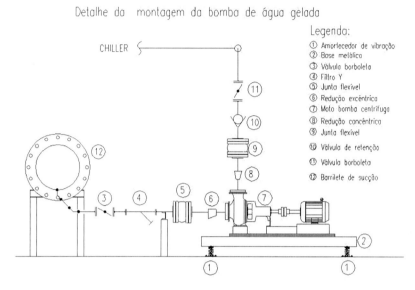

Figura 8.7 – Tubulações de interligação da bomba.

8.5 Válvula de Balanceamento Hidrônico

A água sempre procura o caminho mais fácil para escoar, ou seja, o de menor perda de carga. Em um sistema hidrônico haverá fancoils mais próximos à bomba e outros mais distantes, a tendência natural é que escoe mais água no fancoil que está mais próximo á bomba e no fancoil mais distante irá escoar menos água.

Para resolver este problema deve ser feito o balanceamento hidrônico, que consiste em aumentar a perda de carga nos trocadores de calor mais próximos à bomba e ajustar a perda de carga nos trocadores de calor mais distantes da bomba de modo a garantir que cada trocador de calor tenha a vazão determinada em projeto.

Para o balanceamento hidrônico seriam necessários para cada fancoil uma válvula de bloqueio e um medidor de vazão, o que tornaria a instalação hidráulica muito onerosa. Soluções industriais foram desenvolvidas e atualmente existem as válvulas de balanceamento que está representada na figura 8.8.

Para seleção das válvulas o representante do fabricante disponibiliza software para fazer a seleção dos modelos das válvulas, para fazer o balanceamento hidrônico do sistema faz-se necessário um equipamento eletrônico para medir a perda de carga e determinar o número de voltas necessárias no mecanismo ajuste da válvula.

Figura 8.8 - Válvula de balanceamento. Fonte: IMI Hydronic Engineering

Na figura 8.9 está representada a instalação de um fancoil com os acessórios necessários. A válvula de balanceamento é instalada na tubulação de saída do fancoil. Deve ser instalada uma válvula de controle de fluxo para regular a temperatura do ar, quando o ar estiver muito frio a vazão de água diminui e vice-versa. A válvula controladora pode ser de 2 ou 3 vias.

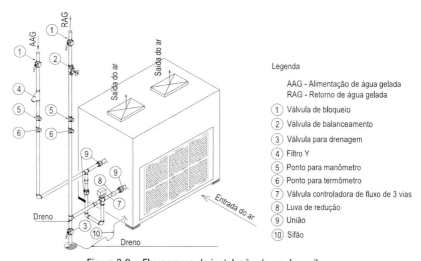

Figura 8.9 – Fluxograma de instalação de um fancoil.

8.6 Tanque de Expansão

No circuito de água gelada ocorre variação de temperatura, por exemplo, a água entra do evaporador à temperatura de 12 °C e sai a 7 °C, em consequência desta variação de temperatura ocorre a dilatação térmica da água, como os tubos são rígidos deve haver um tanque onde a água possa se expandir.

O tanque de expansão é um reservatório elevado interligado na linha de sucção das bombas. Em instalações de água gelada bem sucedida observou-se que este deve estar situado a pelo menos 2 metros acima da tubulação mais alta e uma capacidade de 1000 litros. O tanque deve ter sistema de drenagem e reposição do nivel de água automático. O tanque de expansão também é utilizado para encher o circuito de água inicialmente e para fazer a adição de produtos químicos para tratamento da água.

8.7 Circuito da Água de Condensação

As vazões e temperaturas da água de entrada e saída do condensador são fornecidos pelo fabricante do chiller. A água que circula pelo condensador deve remover o calor do fluido refrigerante e enviá-lo para a atmosfera por meio de uma torre de resfriamento.

Uma das limitações das tores de resfriamento é que a temperatura mínima possível para resfriar a água é a temperatura de bulbo úmido do ar. A diferença entre a temperatura de bulbo úmido do ar e a temperatura na qual a água está sendo resfriada na torre é denominada **aproach**.

Na figura 8.10 está representado um desenho esquemático de uma torre de resfriamento. Uma torre é um trocador de calor de contra corrente, a água entra pela parte de cima onde é transformada em pequenas gotas pelos separadores de gotas, quando desce fica armazenada na cuba, o ar entra pela lateral forçado por um ventilador e sai pela parte superior arrastando parte de vapor de água.

Semelhante a aquisição de chiller deve-se enviar uma solicitação da proposta comercial com uma tabela com campos de dados de projeto e outros campos a serem preenchidos pelo representante, como especificações e parâmetros do equipamento. Na tabela 8.4 está representado um modelo de tabela.

Quando a torre de resfriamento for instalada em uma posição abaixo do chiller é necessário fazer uma cisterna para armazenar a água da tubulação. Isso porque após a bomba ser desligada toda a água da tubulação entre saída do condensador do chiller e entrada da torre irá escoar para a torre, e a cuba de armazenamento não tem capacidade suficiente para armazenar ou dispor de um sistema automático que feche uma válvula após o desligamento da bomba.

Tabela 8.4 – Dados da torre de resfriamento

Nome da Obra:

TABELA DA TORRE DE ARREFECIMENTO					
		UNIDADE	DADOS DE PROJETO	DADOS DO REPRESENTANTE	
1	Local instalado				
2	Quantidade				
DADOS DE PROJETO					
3	Altitude	m			
4	Capacidade mínima	TR			
5	Vazão de água	m³/h			
6	Temperatura de entrada da água	°C			
7	Temperatura de saída da água	°C			
8	Temperatura de bulbo úmido	°C			
DESEMPENHO E CAPACIDADE					
9	Capacidade de resfriamento	TR			
10	Perda por arraste	%			
11	Perda por evaporação	%			
12	Pressão manométrica	mca			

DADOS DO VENTILADOR						
13	Quantidade					
14	Tipo do ventilador					
15	Vazão de ar	m³/h				
16	Pressão estática	mmca				
17	Diâmetro do rotor	m				
18	Rotação	rpm				
19	Potência Nominal	CV				
20	Tensão	(V/Hz/F)				
DADOS ADICIONAIS						
21	Nível de Ruído	dB				
22	Peso em Operação	kg				
23	Modelo de Referência					
24	Fabricante					
25	Observações					

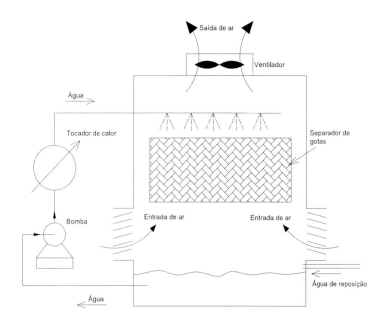

Figura 8.10 – Torre de resfriamento.

A capacidade de refrigeração de uma torre de resfriamento pode ser determinada pela equação abaixo.

$$Q = q\rho c\Delta t$$

Onde: Q : Calor (W)
q : Vazão (m³/s)
ρ : Densidade da água, 1000 kg/m³
c : Calor específico da água, 4180 J/kg ºC
Δt : Variação de temperatura da água, ºC

O projeto de dimensionamento da tubulação do circuito de condensação é semelhante ao da água gelada descrito anteriormente. A tubulação de condensação não é necessária isolar, pois a temperatura da água está acima do ponto de orvalho.

8.8 Isolamento Térmico

Isolantes térmicos são materiais de baixo coeficiente de condutividade, que tem por finalidade reduzir as trocas térmicas indesejáveis.

Os isolantes térmicos são materiais porosos, a baixa condutividade é devido ao ar contido em seus vazios. Na parte sólida e nos vazios a transferência de calor se dá por condução. Na parte vazia a convecção e a irradiação são desprezíveis. Quanto menor a densidade e maior o número de poros, melhor será o isolamento.

Características de um bom isolamento térmico:

- Ter baixa condutividade térmica;
- Ter boa resistência mecânica;
- Não propagar chama;
- Ter baixa permeabilidade ao vapor d'água;
- Ter baixo custo.

Para tubulação de água gelada, os materiais mais utilizados são de espuma elastomérica e poliuretano expandido.

Na Tabela 8.5 está apresentado um trecho de um catálogo de um fabricante de isolamento térmico para tubos. Os fabricantes disponibilizam bitolas e espessuras padrão, o projetista deve se adequar ao disponível no mercado. Os isolamentos devem ser montados com uma proteção de chapa de alumínio para evitar incidência de radiação solar.

Tabela 8.5 – Trecho do catálogo de isolamento térmico . Fonte: Armacell

AF/Armaflex BR - Tabela de dimensões														
Tubulação em cobre Cu		Tubulação em ferro Fe		Tubos AF/Armaflex BR	Família 3 (H) 13,0 - 16,0 mm		Família 4 (M) 19,0 - 20,0 mm		Família 5 (R) 25,0 - 32,5 mm		Família 6 (T) 32,0 - 45,0 mm		Família 7 (U) 44,0 - 59,0 mm	
Diâmetro Externo Cu (mm)	Diâmetro Nominal (Polegadas)	Diâmetro Nominal (Polegadas)	Diâmetro Externo (mm)	Diâmetro Interno Mín - Máx. (mm)	Espessura (mm)	Ref.	Espessura (mm)	Ref.	Espessura (mm)	Ref.	Espessura (mm)	Ref.	Espessura (mm)	Ref.
6	1/4			7,0 - 8,5	13,0	H-06	19,0	M-06						
10	3/8	1/8	10,2	11,0 - 12,5	13,0	H-10	19,0	M-10						
12	1/2			13,0 - 14,5	13,0	H-12	19,0	M-12	25,0	R-12				
15	5/8	1/4	13,5	16,0 - 17,5	13,0	H-15	19,0	M-15	25,0	R-15	32,0	T-15		
18	3/4	3/8	17,2	18,0 - 20,5	13,0	H-18	19,0	M-18	25,0	R-18	32,0	T-18	44,0	U-18
22	7/8	1/2	21,3	23,0 - 24,5	13,0	H-22	20,0	M-22	25,0	R-22	32,0	T-22	44,0	U-22
25	1			26,0 - 27,5	13,0	H-25	20,0	M-25	25,0	R-25	32,0	T-25	44,0	U-25
28	1 1/8	3/4	26,9	29,0 - 30,5	13,5	H-28	21,0	M-28	25,0	R-28	33,5	T-28	46,1	U-28
32	1 1/4			33,0 - 35,0			21,5	M-32	27,0	R-32				
35	1 3/8	1	33,7	36,0 - 38,0	14,0	H-35	21,5	M-35	27,0	R-35	35,0	T-35	48,1	U-35
38	1 1/2			39,0 - 41,0			22,0	M-38	27,0	R-38				
42	1 5/8	1 1/4	42,4	43,5 - 45,5	14,5	H-42	22,0	M-42	27,0	R-42	36,5	T-42	50,2	U-42
48	1 7/8	1 1/2	48,3	43,5 - 51,5	14,5	H-48	22,5	M-48	27,5	R-48	37,5	T-48	51,6	U-48
54	2 1/8			55,0 - 57,0	14,5	H-54	23,0	M-54	28,5	R-54	38,0	T-54	52,3	U-54
60	2 3/8	2	60,3	61,5 - 63,5	15,0	H-60	23,5	M-60	29,0	R-60	39,0	T-60	53,6	U-60
64	2 1/2			65,0 - 67,5	15,0	H-64	23,5	M-64	29,0	R-64	39,5	T-64	54,3	U-64
76,2	3	2 1/2	76,1	77,0 - 79,5	15,0	H-76	24,0	M-76	30,0	R-76	40,5	T-76	55,7	U-76
80	3 1/8			81,0 - 84,0	15,5	H-80	24,5	M-80	30,5	R-80	41,0	T-80		
88,9	3 1/2	3	88,9	90,5 - 93,5	15,5	H-89	24,5	M-89	30,5	R-89	41,5	T-89		
101,6	4	3 1/2	101,6	105,0 - 108,0	15,5	H-102	25,0	M-102	31,5	R-102	42,5	T-102		
		4	114,3	116,0 - 120,0	16,0	H-114	25,5	M-114	31,5	R-114	43,0	T-114		
		5	139,7	142,0 - 148,0	16,0	H-140	25,0	M-140	32,0	R-140	44,5	T-140		
				162,0 - 167,0	16,0	H-160	26,0	M-160	32,5	R-160	45,0	T-160		
		6	165,1	170,0 - 176,0			26,0	M-168	32,5	R-168	45,0	T-168		
Tolerância na espessura					± 1,5 mm		± 2,5 mm		± 2,5 mm		± 3,0 mm		± 7,0 mm	
Tolerância no comprimento							± 1,0%							

Capítulo 9 - Projeto de Dutos

Os dutos são utilizados para a distribuição do ar no ambiente a ser climatizado. Recomendações para projeto de dutos:

- Os dutos principais devem ser construídos em material rígido de chapa galvanizada ou de painéis de poliuretano;

- O duto que conecta o difusor ao duto principal denominado ramal pode ser flexível. Podem ser usados dutos flexíveis para poder ajustar melhor a localização dos pontos de insuflamento;

- O encaminhamento do duto deve ser o mais curto e direto possível, o encaminhamento depende do layout do ambiente a ser climatizado;

- O ar insuflado deve retornar ao intercambiador de calor, este retorno pode ser por meio de duto de retorno, por espaço livre acima do forro ou por grelhas de retorno da casa de máquinas;

- A interligação do duto ao intercambiador deve ser por meio de junta flexível;

- No ponto de insuflamento deve ser usado difusor com registro para regulagem da vazão.

A vazão insuflada em cada difusor deve ser a vazão total do ventilador, dividida pelo número de difusores.

9.1 Difusores

Para seleção do difusor deve-se saber a vazão no difusor, perda de carga máxima admissível, altura de instalação, alcance do jato de ar frio, ruído e velocidade do ar.

Exemplo: Deve-se selecionar um difusor para vazão de 1100 m³/h, altura de 3 m, perda de carga máxima admissível de 2 mmca.

Foi selecionado um difusor quadrado com caixa plenum acoplada conforme mostrado na figura 9.1. Na tabela de dados técnicos, todos os modelos atendem à vazão requerida, o modelo de tamanho 4 não atende por ter perda de carga de 3mmca. Os outros modelos todos atendem aos requisitos. O difusor de tamanho 5 tem uma velocidade efetiva de 5 m/s e ruído de 30 dB é um valor relativamente alto. Melhor selecionar o tamanho 6 que tem menor velocidade e ruído, os outros tamanhos também atendem, mas por serem maiores têm um custo maior.

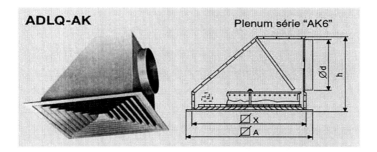

Figura 9.1 - Difusor com caixa plenum acoplada. Fonte : TROX

Tabela 9.1 - Tabela de dados técnicos do difusor. Fonte : TROX

Tamanho		4	5	6	7	8
m³/h	colarinho	305	361	391	491	516
1100	V_{ef}	7	5	4,2	2,7	2,4
	Δp	3	1,5	1	0,4	0,2
	dB(A)	39	30	24	16	15
	Alc	3,3-5,5	2,8-4,5	2,5-4,3	2-3,4	1,9-3,2

Para instalações com pé direito muito alto é recomendado difusor de alta indução para instalação no teto, representado na figura 9.2. Para climatização de grandes distâncias entre o difusor e a zona de conforto, distâncias da ordem de 30 metros, deve-se usar difusor de jato de longo alcance, este difusor está representado na figura 9.3.

Figura 9.2 – Difusor de alta indução.
Fonte: TROX

Figura 9.3 – Difusor de jato de longo alcance.
Fonte: TROX

9.2 Registros

Os registros conforme representados na figura 9.4 são empregados como elementos de regulagem de vazão de ar em dutos e caixas de mistura em instalações de climatização e ventilação. São construídos em chapa galvanizada e fornecidos com lâminas com orientação paralela ou convergente.

As tomadas de ar externo são compostas por uma grelha, um registro de regulagem e um elemento filtrante. As grelhas para tomada de ar externo podem ser instaladas na parede da casa de máquina e a vazão de ar de renovação pode ser controlada pela abertura ou fechamento do registro. A figura 9.5 mostra modelos de grelhas utilizadas em retorno de ar e tomada de ar externo.

Figura 9.4 – Registro. Fonte: TROX

Figura 9.5 – Grelha para tomada de ar externo. Fonte: TROX

9.3 Dimensionamento dos Dutos

No projeto de sistema de ar condicionado o ar é considerado como fluido incompressível, pois o rotor dos ventiladores não consegue comprimir o ar e somente proporcionar seu escoamento. Também não é considerado o desnível topográfico.

9.3.1 Diâmetro do duto

O diâmetro do duto pode ser determinado pelo método das velocidades recomendadas. A velocidade do ar nos dutos principais deve ser de 10 m/s em prédios industriais e de 6 m/s em prédios residenciais. Para ramais a velocidade recomendada do ar deve ser de até 5 m/s. A vazão a ser utilizada é a disponível no catálogo do fabricante.

Os dutos podem ter formato circular, retangular ou oval, para duto retangular representado na figura 9.6 deve ser determinado o diâmetro equivalente e pode ser calculado pela equação abaixo.

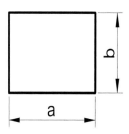

$$D_{eq} = \frac{1,3*(a*b)^{0,625}}{(a+b)^{0,25}}$$

Figura 9.6 – Duto retangular

9.3.2 Perda de Carga

A perda de carga pode ser localizada ou distribuída. A perda de carga total é a soma das perdas localizadas e distribuídas.

Para determinar a perda de carga localizada é necessário determinar a perda individual de cada restrição pela fórmula abaixo. O valor de K deve ser consultado na figura 9.7 e depende de cada peça.

$$\Delta P = k\frac{V^2}{16,34}$$

Onde:
ΔP : Perda de carga localizada (mmca)
V : Velocidade (m/s)
k : Constante que depende do tipo de peça e deverá ser consultado na figura 9.7

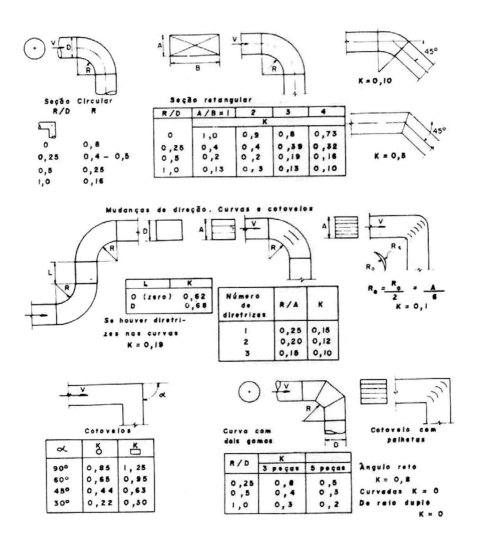

Capítulo 9 - Projeto de Dutos • **131**

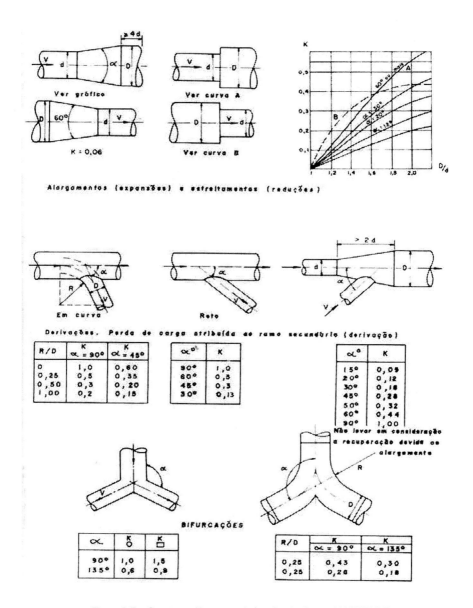

Figura 9.7 – Constante K para perda localizada. Fonte: MACINTYRE

Pode-se calcular as perdas de carga correspondentes de derivações exprimindo as perdas em comprimento equivalente.

132 • Princípios de Refrigeração e Ar Condicionado

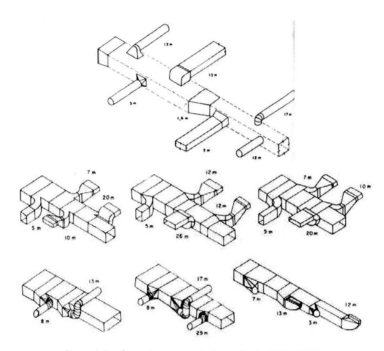

Figura 9.8 – Comprimento equivalente. Fonte: MACINTYRE

Os procedimentos de cálculos da perda de carga são semelhantes ao apresentado anteriormente.

Número de Reynolds
Para cálculo do número de Reynolds utilizar viscosidade absoluta do ar = 0,000019 Pa.s.

Fator de atrito
Para calcular o fator de atrito utilizar densidade do ar = 1,2 kg/m³
Rugosidade dos dutos de chapa de aço galvanizado, considerar 0,00015 m.

Perda de carga distribuída
Utilizar equação de Darcy para calcular perda de carga distribuída.

Perda de carga total

Deve ser somada a perda de carga distribuída, a perda localizada calculada, a perda nos difusores, grelhas e a perda nos filtros.

A perda de carga das grelhas, difusores, filtros e dutos flexíveis deve ser obtida no catálogo do fabricante.

Pressão do ventilador

A pressão total do ventilador deverá ser calculada pela equação abaixo.

$$P = \left(\frac{V_s^2}{2g} - \frac{V_e^s}{2g} \right) + J$$

Onde:

P : Pressão do ventilador, mca;

J : Perda de carga total (mca)

Vs : Velocidade de saída do ar no ventilador (m/s)

Ve : Velocidade de entrada do ar no ventilador (m/s)

g : Aceleração da gravidade, 9,8 m/s²

9.4 Distribuição de Rede de Dutos

Na figura 9.9 está representado um projeto de uma rede de dutos. Os fancoils estão posicionados em uma área de circulação entre as duas salas, eles possuem uma caixa de mistura para misturar o ar de retorno com o ar externo. A tomada de ar externo é feita por uma caixa de ventilação. O fancoil da esquerda insufla o ar frio por um duto. O retorno do ar é feito por cima do forro, para isto foram instaladas grelhas de retorno no forro e entre a parede da sala e a área do fancoil foi instalado um duto.

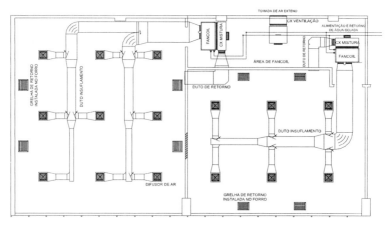

Figura 9.9 – Distribuição de dutos de ar condicionado

9.5 Detalhe das Montagens

Os dutos são pré-fabricados e montados na obra, para isto eles são confeccionados em seções de até 2 metros de comprimento, a interligação dos dutos deve ser feita por flanges. Na figura 9.10 estão representados detalhes desta interligação.

Figura 9.10 – Detalhe da montagem dos dutos

Em curvas de 90° deve ser colocado veios internos nos dutos para diminuir a perda de carga conforme mostrado na figura 9.11. O isolamento do duto pode ser feito em lã de vidro, isopor, borracha elastomérica. O duto deve ser apoiado em uma estrutura rígida. Na figura 9.12 está representado um duto apoiado em cantoneira e a cantoneira fixada à laje ou teto.

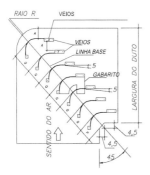
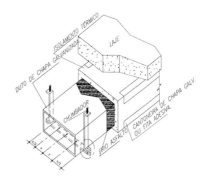

Figura 9.11 – Veios internos nos dutos   Figura 9.12 - Fixação do duto

Exemplo: Deseja-se climatizar uma oficina conforme mostrado nas figuras 9.14 e 9.22, com pé direito de 4m, nela serão instaladas seis máquinas de potência elétrica 3000 W, trabalharão neste ambiente 8 pessoas, deseja-se que a temperatura interna seja de 22ºC e umidade relativa do ar 60%, sem sistema de controle, as paredes são de alvenaria de 150 mm de espessura. Em dias quentes a temperatura externa é 38 ºC e umidade relativa do ar 80%. Optou-se por um sistema de expansão indireta e distribuição do ar por dutos. Fazer dimensionamento de fancoil, dutos e tubulação de água gelada. Considerar velocidade recomendada do ar de 5 m/s.

Resposta:

- **Cálculo da carga térmica**
  Para o cálculo foram desprezadas as transmissões de calor em janelas, portas, teto e a transferência de calor por radiação.

Equipamentos: Para os equipamentos, a taxa de dissipação de calor é dada pela tabela C.7 da NBR 16401-1:2008. Nesta instalação serão 18 kW, escolhendo na norma condição de motor e equipamento dentro do ambiente, a dissipação de calor sensível é de aproximadamente 20400 W

Iluminação: A taxa de dissipação de calor é dada pela tabela C.2 da NBR 16401-1:2008. Na tabela não há um item correspondente à oficina, então foi adotado a dissipação equivalente a loja com iluminação fluorescente. A dissipação de calor sensível será de 17 W/m² x 132 m² = 2244 W.

Pessoas: A taxa de dissipação de calor é dada pela tabela C.1 da NBR 16401-1:2008. Foi adotado o valor para pessoa com trabalho leve em bancada.

Tabela 9.1 – Calor devido as pessoas

	Calor sensível (W)	Calor latente (W)
Valor unitário	80	140
Total para 8 pessoas	640	1120

Transferência de calor pelas paredes: Foram consideradas as paredes de bloco de betão com coeficiente de condutividade térmica de 0,35 W/(mK). Área lateral 184 m², diferença de temperatura entre lado externo e interno 16 °C. O calor sensível transferido por condução é calculado por:

$$\dot{Q} = \frac{kA\Delta T}{e} \Rightarrow \dot{Q} = 6{,}869{,}3W$$

Taxa de renovação de ar: De acordo com a Resolução número 9, de 16 janeiro de 2003, da ANVISA. A taxa de renovação de ar é de 27 m³/h/pessoa.

Vazão de ar externo: 216 m³/h.
Calor sensível:

$$\dot{Q}_S = q\rho\Delta t \Rightarrow Q = 1152W$$

Calor latente, necessário determinar na carta psicrométrica as propriedades do ar para as condições internas e externas.

Interna: Temperatura: 22° C, umidade: 60%, h_1 : 47280 J/kg
Externa: Temperatura: 38° C, umidade: 80%, h_e: 126470 J/kg
Densidade do ar 1,2 kg/m³.

$$Q = q\rho[(h_e - h_i) - c\Delta t] \Rightarrow Q = 4549,68 \ W$$

Calor sensível total: 31305,3 W
Calor latente total: 5669,68 W
Calor total: 36974,98 W;   10,51 TR

A capacidade do fancoil deverá ser maior ou igual ao valor calculado, como não há fancoil de 10,51 TR será considerado um fancoil de 15 TR, esta é uma decisão do projetista.

- **Cálculo da vazão de ar necessária**

    O cálculo é feito levando-se em consideração o calor sensível, que corresponde a 31305,3 W. A diferença de temperatura   = 10 °C, isso porque os trocadores de calor com expansão direta ou indireta são projetados para proporcionar um resfriamento de no mínimo 10 °C entre a entrada e saída da serpentina.

$$q = \frac{Q}{\rho c\Delta t} \Rightarrow q = 9391,6m^3 \ / \ h$$

A vazão de ar calculada é a quantidade de ar necessária para remover o calor sensível, equipamentos de ar-condicionados padronizados são projetados com vazão nominal de 680 (m³/h)/TR, para um fancoil de 15 TR a vazão será de 10200 m³/h. Esta vazão será considerada para dimensionamentos dos dutos.

138 • Princípios de Refrigeração e Ar Condicionado

- **Vazão de água gelada**

Considerando-se capacidade nominal do fancoil 15 TR que equivale a 52752,8 W, entrada da água gelada a 7 °C e saída a 12 °C, tem-se:

$$q = \frac{Q}{\rho c \Delta t} \Rightarrow q = 9m^3 / h$$

Para determinar o diâmetro da tubulação utiliza-se o método da velocidade recomendada, com velocidade para recalque de 3m/s.

$$q = V.A \Rightarrow \varnothing = \sqrt{\frac{4q}{\pi v}} \Rightarrow \varnothing = 32,57mm,$$ este é o diâmetro interno mínimo para a tubulação, o material do tubo poderá ser pvc ou aço. Consultando-se a NBR 5580, para tubos da classe pesada, o tubo de diâmetro nominal 1 ¼" tem diâmetro externo mínimo de 42 mm e espessura de parede 3,75mm, com diâmetro interno de 34,5 mm, valor maior que o calculado.

- **Dimensionamentos dos dutos**

O ar será distribuído por nove difusores com caixa plenum acoplada, a vazão em cada difusor será 1130 m³/h. O modelo do difusor selecionado é ADLQ, da marca TROX com caixa plenum acoplada conforme mostrada na figura 9.13. A vazão de 1100 m³/h era a mais aproximada de 1130 m³/h.

m³/h	☑ colarinho	305
1100	V_nff	7
	Δp	3
	dB(A)	39
	Alc	3,3-5,5

Difusor de tamanho 305 x 305 mm, vazão 1100 m³/h, perda de carga 3 mmca.

Figura 9.13 – Trecho do catálogo

O encaminhamento dos dutos está conforme mostrado na figura 9.14. A perda de carga deve ser calculada para o trecho mais desfavorável. Para este caso, o trecho 1, pois escoa a maior quantidade de ar e está mais distante do ventilador.

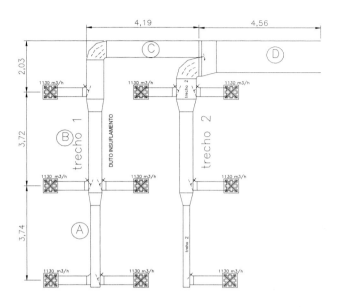

Figura 9.14 - Encaminhamento dos dutos

A interligação entre a caixa plenum e o duto principal será feita por duto flexível. O comprimento de duto flexível é de 1,5m, diâmetro 12" (314 mm). Para se determinar a perda de carga deve-se consultar o manual do produto representado na figura 9.15 com o valor da vazão.

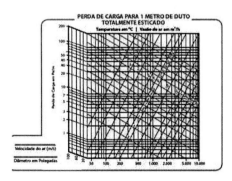

Perda de carga em duto de 12" 1 Pa/m (0,1 mmca/m).

Perda para 1,5m de duto é de 0,15 mmca

Figura 9.15 - Perda de carga em duto flexível.
Fonte: Multivac

A perda de carga na derivação entre o duto principal e o duto flexível é determinada pelo comprimento equivalente da derivação da figura 9.16.

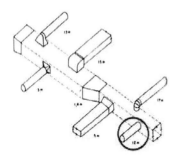

Comprimento equivalente de 12m, que será somado ao comprimento do duto A.

Figura 9.16 – Comprimento equivalente.
Fonte: MACINTYRE

O duto **A** tem vazão de 2260 m³/h, adotada velocidade recomendada de 5 m/s, dimensões do duto de 340mm x 400 mm resultando em diâmetro equivalente de 400 mm. O fator de atrito determinado pela resolução numérica da equação de Colebrook é de 0,0191, comprimento total de 3,73m somado com 12m total 15,73m. A perda de carga determinada pela equação de Darcy. Densidade do ar 1,2 kg/m³.

$$\Delta P = f \frac{L}{d} \frac{V^2}{2} \rho \Rightarrow \Delta P = 0,0191 \frac{15,73}{0,4} \frac{5^2}{2} 1,2 \Rightarrow \Delta P = 11,25 \ Pa \Rightarrow 1,15 \ mmca$$

O duto **B** tem vazão de 4520 m³/h, adotada velocidade recomendada de 4,92 m/s, dimensões do duto de 700mm x 400 mm resultando em diâmetro equivalente de 570 mm. O fator de atrito determinado pela resolução numérica da equação de Colebrook é de 0,0177, comprimento total de 3,72 m. A perda de carga determinada pela equação de Darcy.

$$\Delta P = f \frac{L}{d} \frac{V^2}{2} \rho \Rightarrow \Delta P = 0,0177 \frac{3,72}{0,57} \frac{4,92^2}{2} 1,2 \Rightarrow \Delta P = 1,68 \ Pa \Rightarrow 0,17 \ mmca$$

Restrição no duto de B para A. Determinar na figura 9.17 o fator k.

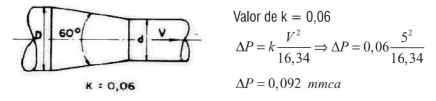

Valor de k = 0,06

$$\Delta P = k \frac{V^2}{16,34} \Rightarrow \Delta P = 0,06 \frac{5^2}{16,34}$$

$$\Delta P = 0,092 \ mmca$$

Figura 9.17 – Fator K. Fonte: MACINTYRE

O duto **C** tem vazão de 5650 m³/h, adotada velocidade recomendada de 5 m/s, dimensões do duto de 850 mm x 400 mm resultando em diâmetro equivalente de 630 mm. O fator de atrito determinado pela resolução numérica da equação de Colebrook é de f = 0,0173 , comprimento total de 6,22 m. A perda de carga determinada pela equação de Darcy

$$\Delta P = f \frac{L}{d} \frac{V^2}{2} \rho \Rightarrow \Delta P = 0,0173 \frac{6,22}{0,63} \frac{5^2}{2} 1,2 \Rightarrow \Delta P = 2,6 \ Pa \Rightarrow \Delta P = 0,26 \ mmca$$

Restrição no duto de C para B. Determinar na figura 9.18 o fator k.

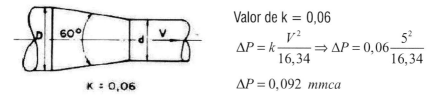

Valor de k = 0,06

$$\Delta P = k \frac{V^2}{16,34} \Rightarrow \Delta P = 0,06 \frac{5^2}{16,34}$$

$$\Delta P = 0,092 \ mmca$$

Figura 9.18 – Fator K. Fonte: MACINTYRE

Para determinação da perda de carga da curva do duto C deve-se determinar o fator k na figura 9.19.

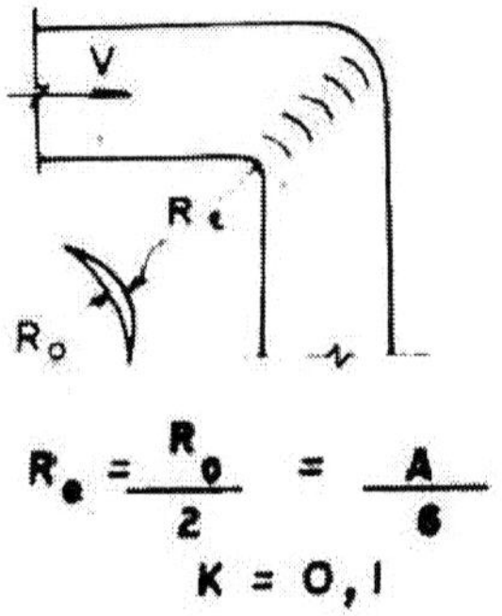

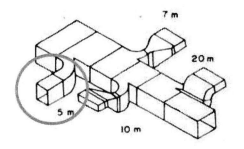

$$\Delta P = k\frac{V^2}{16,34} \Rightarrow \Delta P = 0,1\frac{5^2}{16,34}$$

$$\Delta P = 0,15 \ mmca$$

Figura 9.19 – Fator K. Fonte: MACINTYRE

A perda de carga na derivação entre o duto D e os trecho 1 e 2 é determinada pelo comprimento equivalente da derivação determinado na figura 9.20.

Comprimento equivalente de 5m que deverá ser somado ao comprimento do duto D.

Figura 9.20 – Comprimento equivalente.
Fonte: MACINTYRE

O duto D tem vazão de 10200 m³/h, adotada velocidade recomendada de 5 m/s, dimensões do duto de 1700mm x 400 mm resultando em diâmetro equivalente de 850 mm. O fator de atrito determinado pela resolução numérica da equação de Colebrook é de $f = 0,0162$, comprimento 4,56 m (horizontal), 2m (vertical) para interligação ao fancoil, 5m (comprimento equivalente), total 11,56m. Perda de carga determinada pela equação de Darcy.

$$\Delta P = f \frac{L}{d} \frac{V^2}{2} \rho \Rightarrow \Delta P = 0,0162 \frac{11,56}{0,85} \frac{5^2}{2} 1,2 \Rightarrow \Delta P = 3,3 \ Pa \Rightarrow \Delta P = 0,35 \ mmca$$

Para determinação da curva do duto D deve-se determinar o fator k na figura 9.21. Esta curva é da descida para interligar ao fancoil.

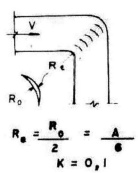

$$\Delta P = k \frac{V^2}{16,34} \Rightarrow \Delta P = 0,1 \frac{5^2}{16,34}$$

$$\Delta P = 0,153 \ mmca$$

Figura 9.21 – Fator K. Fonte: MACINTYRE

Para determinar a perda de carga total no duto deve-se somar todas as perdas de carga calculadas.

Tabela 9.2 – Perdas de carga

Trecho/derivação	Difusor	Duto flexível	Duto A	Duto B	Restrição de B para A	Duto C	Restrição de C para B	Curva duto C	Duto D	Curva duto D	Total
Perda (mmca)	3	0,15	1,15	0,17	0,092	0,26	0,092	0,15	0,35	0,153	5,567

Para o cálculo da perda de carga foi desprezada a variação de energia cinética entre a saída e entrada do ventilador do fancoil. O ventilador deverá ter pressão estática maior que **5,567 mmca**, os resfriadores padronizados de fábrica são disponibilizados com ventiladores do tipo siroco com pressão estática nominal de 20 mmca. Quando em um projeto é necessário algum equipamento em que a vazão ou pressão seja diferente das padronizadas, é necessário projetar e fabricar um equipamento especial para a aplicação e isto aumenta muito o custo. Então, na fase de projeto da instalação, é melhor encontrar a solução que atenda com um equipamento padronizado.

O projeto da instalação está conforme mostrado na figura 9.22, duto montador acima do forro, retorno de ar por grelhas montadas no forro e abertura na parede da casa do fancoil, a tomada de ar externo feita por grelha com filtro instalada na parede da casa do fancoil, o ar exaurido do ambiente pode ser por meio de grelha instalada na porta.

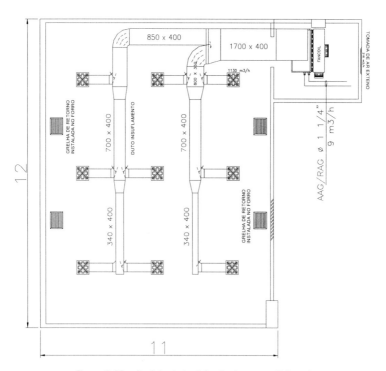

Figura 9.22 – Projeto de instalação de ar condicionado

Os dutos são retangulares de chapa galvanizada, e união por flanges TDC. Conforme a tabela B8 da NBR 16401-1:2008, para dutos de classe ±250 Pascal com lado de maior dimensão entre 1501 a 1800 mm a distância entre juntas de TDC deve ser de 1200 mm. A espessura da chapa mínima de 0,85 mm, bitola MSG 20, os dutos com dimensões maiores de 500 mm devem ter vincos estruturais ou dobras em X.

O isolamento térmico mais usual para dutos confeccionados em chapa é de lã de vidro.

Após todo o sistema instalado deve ser feito o balanceamento do ar, pois nos difusores mais próximos do fancoil terá vazão de ar maior e o ajuste da vazão deve ser feito por meio do registro (damper). O balanceamento deve ser iniciado primeiro pelos difusores mais próximos ao fancoil depois para os mais distantes, deve-se medir a velocidade do ar com anemômetro ou tubo de pitot ou sensor de fio quente e multiplicar o valor pela área livre do difusor, a área deve ser consultada no catálogo do fabricante.

Exercício: Refazer o problema anterior consultando o catálogo de um fabricante de fancoil ou self contained. Selecionar equipamento de capacidade maior mais próximo ao calculado, refazer dimensionamento dos dutos considerando a vazão do equipamento selecionado. Considerar no dimensionamento velocidade recomendada de 10 m/s. Se a perda de carga total ficar acima de 20 mmca, refazer os cálculos diminuindo o valor da velocidade. Considerando uma velocidade maior haverá aumento de ruído, mas será possível obter dutos de menores dimensões e gerar uma economia na obra.

Capítulo 10 - Tecnologia Inverter

A tecnologia inverter consiste em usar um compressor que tem a capacidade de se ajustar de acordo com a necessidade do ambiente. A capacidade do compressor é variável devido o motor variar sua rotação, quando ocorre a variação de rotação do motor, o compressor varia a vazão de fluido refrigerante.

Equipamentos com tecnologia inverter não iniciam a partida com carga máxima, a velocidade é aumentada gradativamente até o valor máximo, variando a rotação do motor ele se mantém sempre próximo ao set point de temperatura ajustado, diferente dos compressores de rotação fixa que controlam a temperatura do ambiente ligando e desligando o compressor. Fabricantes afirmam que a economia de energia com a tecnologia inverter pode chegar a 40 %.

Na figura 10.1 está representado o gráfico de controle de temperatura de equipamento com e sem a tecnologia inverter.

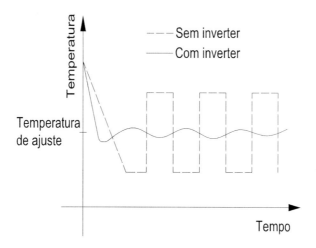

Figura 10.1 – Comparativo de controle de temperatura.

Para obter a variação de rotação em motores de corrente contínua é necessário alterar a tensão aplicada ao motor e com isso a corrente através de suas bobinas. Para motores de corrente alternada, a rotação pode ser alterada utilizando um inversor de frequência. O inversor de frequência é um dispositivo eletrônico que converte a tensão da rede alternada senoidal, em tensão contínua e finalmente converte em uma tensão de amplitude e frequência variável.

Há, disponíveis no mercado, equipamentos inverter para alta e baixa capacidade, é possível encontrar splits, self contained e chillers.

10.1 Splits e Multi Splits Inverter

Existe no mercado, splits com tecnologia inverter com dispositivo de expansão tipo capilar ou válvula de expansão eletrônica. A instalação de splits com capilar ou pistão segue a mesma rotina de instalação de modelos fixos com acréscimos de gás em quantidade recomendada pelo fabricante quando necessário, medição do superaquecimento e subresfriamento para confirmação. Em splits ou multisplits inverter com válvula de expansão eletrônica, a carga de gás é feita somente utilizando balança na quantidade recomendada pelo fabricante e não por meio do superaquecimento e subresfriamento, isso porque ao se medir este parâmetro não se sabe em que posição a válvula de expansão eletrônica está, se aberta ou fechada, levando assim a um procedimento equivocado com a carga de gás errada.

É importante observar que para um equipamento inverter atenda ao que se propõem, é necessário que ele seja superdimensionado para a carga térmica estimada para o ambiente. São frequentes as reclamações de clientes sobre o desempenho do equipamento inverter por não proporcionar a economia de energia pretendida, devendo-se tal fato ao equipamento não estar superdimensionado para o ambiente de tal forma a não trabalhar em cargas parciais. Outro fator que contribui para o consumo em excesso de energia é o ajuste de temperatura estar sempre para frio máximo, condição inatingível no ambiente.

Capítulo 11 – Resolução de Provas de Concursos

Neste capítulo será apresentada a resolução de provas de concursos de professores de refrigeração e técnico de refrigeração.

1. (UFAL-2016) A carga de gás é uma variável extremamente importante para o bom funcionamento de um sistema de refrigeração por compressão de vapor. Em Splits que usam R410, a carga de gás deve ser corretamente realizada para que a unidade funcione adequadamente, observando que:

a. O fluido deve ser carregado na unidade de refrigeração na fase líquida.
b. Somente se pode carregar a unidade de refrigeração após a filtragem do óleo.
c. A carga de gás deve ser sempre realizada abastecendo unicamente a unidade evaporadora.
d. A carga de gás deve ser realizada após o trabalho do compressor em vácuo de 5 minutos.
e. A carga deve ser realizada com o fluido refrigerante na fase gasosa, monitorando apenas a corrente de trabalho do compressor.

Resposta: Letra A. O R410 é um fluido formado com a mistura de outros fluidos que possuem pontos de fusão diferente, para garantir que a quantidade mistura não seja alterada ele deve ser carregado na fase líquida.

2. (UFAL-2016) A fim de operar satisfatoriamente, os sistemas de tubulação de fluido refrigerante devem obedecer a alguns critérios:

I. Deve ser assegurada uma alimentação correta de fluido refrigerante aos evaporadores;
II. As linhas de fluido refrigerante devem ser do tamanho adequado para evitar uma queda de pressão excessiva;

150 • Princípios de Refrigeração e Ar Condicionado

III. Deve-se impedir que o fluido refrigerante líquido entre no compressor em qualquer situação;

IV. Deve-se evitar o isolamento das tubulações do fluido refrigerante na zona de baixa pressão.

Dos itens, verifica-se que está(ão) correto(s) apenas:

a. II.
b. I e IV.
c. I, II e III.
d. I, III e IV.
e. II, III e IV.

Resposta:

Item I: Correto, pois uma quantidade insuficiente de fluido no evaporador diminuirá a transferência de calor.

Item II: Correto, tubulação muito grande aumenta a perda de carga, dificulta o retorno de óleo lubrificante ao compressor. Deve-se seguir as recomendações do fabricante de comprimento máximo.

Item III: Correto, o compressor é destinado a comprimir fluido compressível, na presença de líquido irá sofrer sérias avarias.

Item IV: Errado, a tubulação de baixa pressão deve ser isolada para evitar aumento de temperatura do fluido para que ele refrigere o compressor.

Resposta correta letra C.

3. (UFAL-2016) Na figura são mostrados um circuito frigorífico e seu respectivo diagrama pressão-entalpia para um ciclo padrão de compressão a vapor. Segundo as indicações no diagrama, os estados termodinâmicos dos quatro pontos são:

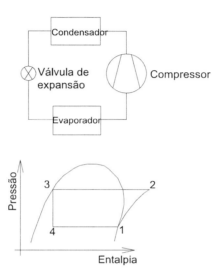

a. pontos 2 e 4, vapor e líquido saturado, respectivamente; ponto 3, vapor superaquecido; ponto 1 mistura (líquido-vapor).
b. pontos 2 e 4, vapor e líquido saturado, respectivamente; ponto 1, vapor superaquecido; ponto 3, mistura (líquido-vapor).
c. pontos 1 e 3, vapor e líquido saturado, respectivamente; ponto 2, vapor superaquecido; ponto 4, mistura (líquido-vapor).
d. pontos 2 e 3, vapor e líquido saturado, respectivamente; ponto 1, vapor superaquecido; ponto 4, mistura (líquido-vapor).
e. pontos 1, 2 e 3, vapor saturado; ponto 4, mistura (líquido-vapor).

Resposta: Letra C. Pontos 1 e 3, vapor e líquido saturado, respectivamente; ponto 2, vapor superaquecido; ponto 4, mistura (líquido-vapor).

152 • Princípios de Refrigeração e Ar Condicionado

4. (UFAL-2016) A falta de fluido refrigerante em sistemas de refrigeração por compressão de vapor resulta em:

I. Operação contínua ou excessiva do compressor;
II. Evaporador parcialmente congelado (dependendo da quantidade de fluido refrigerante perdida);
III. Baixa pressão de sucção (vácuo);
IV. Alto consumo em watts.

Dos itens, verifica-se que está(ão) correto(s)

a. III, apenas.
b. IV, apenas.
c. I, II e III, apenas.
d. I, II e IV, apenas.
e. I, II, III e IV.

Resposta:
Item I: Correto, a temperatura do ambiente não diminuirá e o sistema de controle não desligará o compressor.

Item II: Correto, devido a menor quantidade de gás a temperatura de saturação diminuirá e ocasionará a formação de gelo.

Item III: Correto. Menos fluido, menor pressão.

Item IV: Correto, devido o compressor funcionar por mais tempo.

Resposta letra E.

5. (IFRN-2009) Para responder esta questão, observe a tabela a seguir. Um sistema de refrigeração emprega R22 e está operando, baseado em um ciclo saturado simples com uma temperatura de evaporação de –12°C e uma temperatura de condensação de 42°C.

Ponto	T (°C)	P (bar)	h (kJ/kg)	S (kJ/KgC)	Título (%)	Estado do fluido
1	-12	3,3038	400,39	1,7690	100	Vapor saturado
2	87,65	16,0976	457,70	1,8180	-	Vapor superaquecido
3	42	16,0976	252,32	1,1747	0	Líquido saturado
4	-12	3,3038	252,32	1,2020	30,9	Líquido e vapor

Considerando o ponto 1, a saída do vapor saturado do evaporador e os dados de entalpia da tabela acima, é correto afirmar que o coeficiente de desempenho (COP) é

a. 0,390
b. 1,391
c. 1,789
d. 2,584

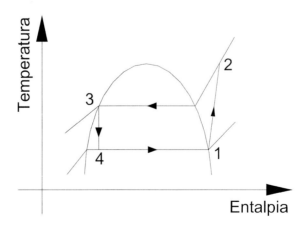

154 • Princípios de Refrigeração e Ar Condicionado

Resposta:
Desprezando as perdas de cargas e as quedas de temperatura.
Ponto 1 – Saída do evaporador, h1 = 400,39 kJ/kg
Ponto 2 – Saída do compressor, h2 = 457,7 kJ/kg. Vapor superaquecido.
Ponto 3 – Entrada na válvula de expansão, h3 = 252,32 kJ/kg.
Ponto 4 –Entrada no evaporador, h4 = 252,32 kJ/kg.

O coeficiente de performance é determinado por

$$COP = \frac{q_L}{w} \Rightarrow COP = \frac{h_1 - h_4}{h_2 - h_1} \Rightarrow COP = \frac{148,07}{57,31} \Rightarrow COP = 2,584$$

Resposta correta letra D

6. (IFRN-2009) Deseja-se obter ar atmosférico a uma temperatura de 15°C e umidade relativa de 75%. Instala-se um aparelho constituído por um resfriador e um aquecedor. A finalidade do resfriador é retirar a umidade do ar por meio da condensação do seu vapor. Sendo a temperatura na saída do resfriador inferior à temperatura desejada, instalou-se um aquecedor para elevar a temperatura até 15°C. Conhecidas a temperatura do ar e a umidade relativa que entra no aparelho como sendo 30°C e 80%, respectivamente, a 1 atm, é correto afirmar que a temperatura do ar na saída do resfriador é:

a. 20,5°C.
b. 17,0°C.
c. 10,5°C.
d. 5,0°C.

Resposta: O ar ao sair do evaporador estará na temperatura de ponto de orvalho com a umidade absoluta igual a situação final. Para resolver o problema deve-se marcar na carta psicrométrica (figura abaixo) o ponto correspondente à condição final, por este traçar uma reta até interceptar a curva de umidade 100%, em seguida traçar uma reta perpendicular. O aquecedor não adiciona umidade ao ar, somente aumenta a temperatura para uma condição desejada. A temperatura do ar ao sair do resfriador é de 10,5 °C. Resposta letra C.

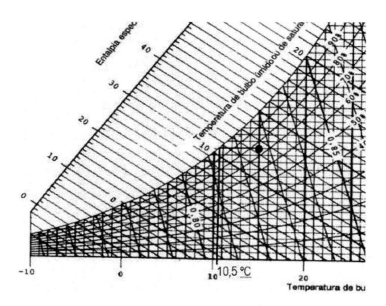

7. (UFPB-2009) Quando se realiza a manutenção de sistema hermético de refrigeração por compressão de vapor e é necessária a colocação de fluido refrigerante, alguns procedimentos são obrigatórios para que o sistema volte a funcionar perfeitamente. Considerando-se a execução do procedimento de carga de fluido refrigerante, julgue as assertivas a seguir:

I. Ligar a unidade em vácuo e só após a partida do motocompressor iniciar a carga de fluido refrigerante.
II. Quebrar o vácuo com nitrogênio ou outro gás inerte.
III. Efetuar a purga das mangueiras antes de iniciar a carga.
IV. Efetuar a carga monitorando a pressão de retorno e a massa de fluido que entra na unidade em manutenção.
V. Desligar o termostato.

156 • Princípios de Refrigeração e Ar Condicionado

Resposta:

Item I: Errado, a carga de gás deve ser feita antes de ligar o compressor.

Item II: Correto, para remover a umidade interna.

Item III: Correto, para evitar entrada de ar e umidade no sistema.

Item IV: Correto, usar balança para medir a massa de fluido adicionada e medir a temperatura de sucção.

Item V: Errado, não é necessário desligar o termostato.

8. (IFSC-2010) Uma torre de arrefecimento utilizada em um sistema de climatização com condensação, a água opera com uma vazão de 3600 litros por hora de água. A água que entra para ser borrifada na torre tem temperatura de 32 °C, e a água que deixa a torre bombeada para o condensador tem temperatura de 27 °C. Desprezando as perdas de energia para o meio ambiente, podemos estimar que a potência de resfriamento da torre é de:

a. 21 kW.

b. 12 kW.

c. 75 kW.

d. 16 kW.

e. 14 kW.

Resposta:

Dados: Densidade da água 1000 kg/m^3, calor específico da água 4180 J/kg°C, vazão 0,001 m^3/s, variação de temperatura 5 °C.

$$\dot{Q} = q\rho c\Delta t \Rightarrow \dot{Q} = 0,001 \times 1000 \times 4180 \times 5 \Rightarrow \dot{Q} = 20900W.$$

Resposta letra A, arredondando o resultado.

Capítulo 11 – Resolução de Provas de Concursos • **157**

9. (IFSC-2010) Um projetista necessita estimar por meio de uma carta psicro-métrica qual é a carga térmica decorrente da climatização de uma dada quan-tidade de ar externo de renovação. Um fluxo de massa de ar de renovação de 0,5 kg$_{ar}$ por segundo, a TBS = 32°C e 60% de umidade relativa (condição 1) deve ser resfriado até a TB = 25° C e 50% de umidade relativa (condição 2). Podemos afirmar que as cargas térmicas sensível e latente a serem retiradas do ar de renovação pelo sistema de refrigeração e desumidificação são, res-pectivamente:

a. 3,0 kW e 8 kW.

b. 4,9 kW e 10,5 kW.

c. 2,0 kW e 3,5 kW.

d. 2,0 kW e 8 kW.

e. 3,5 kW e 10,5kW.

Resposta:
Dados: Calor específico do ar 1000 J/kg°C, Calor latente da água 2256000 J/kg, vazão de ar 0,5 kg/s

Calor sensível:

$$\dot{Q} = \dot{m}c\Delta t \Rightarrow Q = 0,5 \times 1000 \times 7 \Rightarrow Q = 3500W.$$

Calor total:
Necessário determinar na carta psicrométrica as propriedades do ar para as con-dições internas e externas.
Interna: Temperatura: 25° C, umidade: 50%, : 50 kJ/kg
Condições do ar de renovação: Temperatura: 32° C, umidade: 60%, : 78 kJ/kg

$$\dot{Q}_t = \dot{m}\left(h_e - h_i\right) \Rightarrow Q = 0,5 \times 28020 \Rightarrow Q = 14000W.$$

Calor latente:
O calor latente é a diferença entre o calor total e sensível.

$\dot{Q}_L = 10500W$

Resposta letra **E**

10. (IFSC-2010) Com relação ao esquema elétrico de um refrigerador doméstico (figura abaixo), podemos afirmar que:

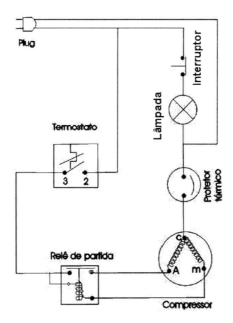

a. O relé de partida aciona o enrolamento auxiliar (A) na partida do compressor.
b. O relé de partida desliga o enrolamento auxiliar (A) na partida do compressor.
c. O enrolamento de marcha (m) não é acionado na partida do compressor.
d. O protetor térmico permanece aberto no circuito, protegendo os enrolamentos.
e. A lâmpada só liga se o compressor estiver em funcionamento.

Resposta: O relé de partida aciona o enrolamento auxiliar na partida do compressor. Após a partida, o enrolamento auxiliar é desenergizado, ficando energizado somente o enrolamento principal. O protetor térmico tem um contato normalmente fechado e só abre em casos de sobrecarga com aumento de temperatura. A lâmpada está ligada em paralelo com o compressor, para ser ligada basta acionar o interruptor.

Resposta letra A.

Respostas dos Exercícios

1. Formação de produtos corrosivos que corroem o verniz do enrolamento do motor, condensação e congelamento do vapor d'água no dispositivo de expansão.

2. Não, porque não haverá troca de calor do fluido e poderá retornar líquido para o compressor.

3. Não, porque não haverá troca de calor do fluido e haverá aumento de pressão no condensador.

4. Os contatos elétricos devem ser ligados em série, caso um atue desligará todo comando.

5. A carga pode ser avaliada medindo-se o superaquecimento ou o subresfriamento caso haja válvula schrader na linha de líquido.

6. Quando não há válvula schrader na linha de líquido, não há outra forma, então deve-se fazer com cuidado para não retornar líquido para o compressor e carregar quando o circuito estiver em vácuo.

7. Para diminuir a queda de pressão no evaporador e consequentemente diminuir o congelamento devido a baixa pressão

8. Feita pelo fluido frio que retorna do evaporador.

9. Retorno de líquido ao compressor, pressão de descarga elevada, superaquecimento do compressor, aumento da pressão de evaporação.

162 • Princípios de Refrigeração e Ar Condicionado

10. As VETs com equalizador interno utilizam a pressão do fluido que sai da válvula como força principal de fechamento enquanto as VETs com equalizador externo utilizam pressão igual da saída do evaporador.

11. Deve-se identificar o enrolamento principal, medir continuidade da bobina e continuidade com a carcaça, para o enrolamento de partida, deve ser testada a continuidade sem o capacitor da bobina e continuidade com a carcaça. Não pode haver continuidade com a carcaça. O capacitor deve ser testado com capacímetro e verificado se o valor medido está dentro da tolerância estabelecida.

12. Não, pois o fluido é uma mistura de gases e no vazamento pode ter saído maior quantidade de um deles, o correto é remover todo gás e fazer nova recarga.

13. Sim, para retorno do óleo lubrificante ao compressor.

14. Pressurização, pois com uma bucha e sabão é possível localizar o vazamento. Com o vácuo é possível saber que existe vazamento, mas não é possível detectar o lugar do vazamento.

15. Pressurizando o circuito com nitrogênio e monitorando a pressão por intervalo de 24 horas, queda de pressão da ordem de 0,3 psi caracteriza um micro vazamento.

16. O fluido se mistura com o óleo, prejudicando a lubrificação com o compressor frio. Neste caso deve haver aquecedor de cárter para vaporizar o fluido refrigerante.

17. Sim, porque ar condicionado com condensação à água pode ter temperatura de condensação menor, diminuindo assim a potência no compressor.

Respostas dos Exercícios • **163**

18. Porque por meio do tubo capilar não é possível regular a quantidade de fluido refrigerante em função do superaquecimento.

Referências Bibliográficas

Brasil. Ministério do Meio Ambiente. Programa Brasileiro de Eliminação dos HCFCs-PBH: Fluídos frigoríficos naturais em sistemas de refrigeração comercial / Alessandro da Silva. Brasília: MMA, 2015. 200 p.; Il. Color.

ISBN 978-85-7738-258-3

Normas:
NBR 6401-1 /2008 – Instalações de ar-condicionado – Sistemas centrais e unitários. Parte 1: Projeto das instalações
NBR 6401-2 / 2008 - Instalações de ar-condicionado – Sistemas centrais e unitários. Parte 3: Parâmetros de conforto térmico
NBR 6401-3 / 2008 - Instalações de ar-condicionado – Sistemas centrais e unitários. Parte 3: Qualidade do ar interior
NBR 5410 / 2004 - Instalações elétricas de baixa tensão
NBR 5580 / 2015 - Tubos de aço-carbono para usos comuns na condução de fluidos — Especificação

Livros:
MORAN, M. J. , SHAPIRO, H. N. Princípios de Termodinâmica para Engenharia. 4a Edição, Editora LTC, Rio de Janeiro, 2002.
MICINTYRE, A. J. Ventilação Industrial e Controle da Poluição.2 ª edição. Editora LTC. Rio de Janeiro, 1990.
INCROPERA, F.P. e DEWITT, D.P., Fundamentos de transferência de Calor e Massa, Editora LTC - Livros Técnicos e Científicos, 6a. Edição. Rio de Janeiro. 2008.
VAN WYLEN, G. J.; SONNTAG, R. E.; BORGNAKKE, C. Fundamentos da termodinâmica clássica. 4. edição. Editora Blucher, São Paulo, 2008.

Revistas:
Revista Clube da Refrigeração da Embraco. http://refrigerationclub.com/pt-br/

Catálogos técnicos:
Springer - Manual de Serviço - Condicionadores de ar DUO. Código: B -06/08.
Carrier - Manual de Instalação, Operação e Manutenção. Split Space Série 42XQM.
Código: 256.08.731 - D - 01/15.
KSB
Armacell - Sistema de isolamento térmico flexível com proteção antimicrobiana microban
TROX
Full Gauge - Controlador digital para refrigeração (e) com degelo e com saída para alarme TC-940Ri plus
WEG
Multivac - Duto flexível para sistemas de ventilação e exaustão
EMBRACO - Manual de Aplicação de Compressores
FESTO
VULKAN

Sites:
Carrier. http://www.carrierdobrasil.com.br/modelo/descricao/meu-negocio/31/chiller-30hx. Acessado em 08/11/2017.
Carrier. http://www.carrierdobrasil.com.br/modelo/descricao/meu-negocio/18/aquaforce-30xa. Acessado em 08/11/2017
Carrier. http://www.carrierdobrasil.com.br/produtos/interna/meu-negocio/111/chiller-evergreen-19xrv. Acessado em 08/11/2017
Apema. http://www.apema.com.br/produtos-detalhes/casco-e-tubos/. Acessado em 08/11/2017
Serraff. http://serraff.com.br/. Acessado em 08/11/2017
Hotterpool. http://hotterpool.com.br/. Acessado em 08/11/2017
Emerson: http://www.emersonclimate.com. Acessado em 08/11/2017

Abrava. http://abrava.com.br/. Acessado em 08/11/2017
Fieldpiece. http://www.fieldpiece.com.br/. Acessado em 08/11/2017
Mastercool. https://www.mastercool.com/?lang=pt-pt. Acessado em 08/11/2017
IMI Hydronic Engineering. http://www2.imi-hydronic.com/pt-BR/. Acessado em 08/11/2017
Suryha. http://www.suryha.com.br/. Acessado em 08/11/2017
Chemours. https://www.chemours.com. Acessado em 08/11/2017
LFBR Climatização e Elétrica. https://www.youtube.com/channel/UCOi-1hlozriBzESt_3asjcQ/feed. Acessado em 08/11/2017

Concursos:
Universidade Federal de Alagoas, Concurso para técnico em refrigeração. 2016.
Instituto Federal do Rio Grande do Norte, Concurso para professor de Refrigeração e climatização. 2009.
Universidade Federal da Paraíba, concurso para técnico em mecânica. 2009.
Instituto Federal de Santa Catarina, concurso para professor de projeto e instalações de refrigeração e climatização. 2010

Software
Computer-Aided Thermodynamic Table 3 – CATT 3, versão 1.0

Anexo - Tabelas

Relação Temperatura Saturação x Pressão - Refrigerante R-22

Temperatura (°C)	Pressão (kPa) Manométrica R-22	Pressão (psi) Manométrica R-22	Temperatura (°C)	Pressão (kPa) Manométrica R-22	Pressão (psi) Manométrica R-22
-10	253,04	36.7	40	1434,12	208
-9	265,45	38.5	41	1468,59	213
-8	278,55	40.4	42	1509,96	219
-7	292,34	42.4	43	1544,43	224
-6	306,13	44.4	44	1585,80	230
-5	319,92	46.4	45	1627,17	236
-4	334,40	48.5	46	1668,54	242
-3	349,57	50.7	47	1709,91	248
-2	364,74	52.9	48	1751,27	254
-1	380,60	55.2	49	1799,54	261
0	396,45	57.5	50	1840,91	267
1	413,00	59.9	51	1889,17	274
2	429,55	62.3	52	1930,54	280
3	446,79	64.8	53	1978,80	287
4	464,71	67.4	54	2027,06	294
5	482,64	70.0	55	2075,33	301
6	501,25	72.7	56	2123,59	308
7	519,87	75.4	57	2171,85	315
8	539,18	78.2	58	2220,12	322
9	559,17	81.1	59	2275,28	330
10	579,16	84,0	60	2323,54	337
11	599,85	87,0	61	2378,70	345
12	621,22	90.1	62	2433,86	353
13	643,29	93.3	63	2489,01	361
14	665,35	96.5	64	2544,17	369
15	688,10	99.8	65	2599,33	377
16	710,85	103.1	66	2654,49	385
17	734,30	106.5	67	2716,54	394
18	758,43	110,0	68	2771,70	402
19	783,25	113.6	69	2833,75	411
			70	2895,80	420

Fonte: Carrier

170 • Princípios de Refrigeração e Ar Condicionado

Tabela de Pressão Manométrica X Temperatura do HFC R-410A

Temperatura Saturação (°C)	Pressão de Vapor			Temperatura Saturação (°C)	Pressão de Vapor		
	MPa	kg/cm²	psi		MPa	kg/cm²	psi
-40	0,075	0,8	11	13	1,080	11,0	157
-39	0,083	0,8	12	14	1,114	11,4	162
-38	0,091	0,9	13	15	1,150	11,7	167
-37	0,100	1,0	14	16	1,186	12,1	172
-36	0,109	1,1	16	17	1,222	12,5	177
-35	0,118	1,2	17	18	1,260	12,9	183
-34	0,127	1,3	18	19	1,298	13,2	188
-33	0,137	1,4	20	20	1,338	13,6	194
-32	0,147	1,5	21	21	1,378	14,1	200
-31	0,158	1,6	23	22	1,418	14,5	206
-30	0,169	1,7	24	23	1,460	14,9	212
-29	0,180	1,8	26	24	1,503	15,3	218
-28	0,192	2,0	28	25	1,546	15,8	224
-27	0,204	2,1	30	26	1,590	16,2	231
-26	0,216	2,2	31	27	1,636	16,7	237
-25	0,229	2,3	33	28	1,682	17,2	244
-24	0,242	2,5	35	29	1,729	17,6	251
-23	0,255	2,6	37	30	1,777	18,1	258
-22	0,269	2,7	39	31	1,826	18,6	265
-21	0,284	2,9	41	32	1,875	19,1	272
-20	0,298	3,0	43	33	1,926	19,6	279
-19	0,313	3,2	45	34	1,978	20,2	287
-18	0,329	3,4	48	35	2,031	20,7	294
-17	0,345	3,5	50	36	2,084	21,3	302
-16	0,362	3,7	52	37	2,139	21,8	310
-15	0,379	3,9	55	38	2,195	22,4	318
-14	0,396	4,0	57	39	2,252	23,0	327
-13	0,414	4,2	60	40	2,310	23,6	335
-12	0,432	4,4	63	41	2,369	24,2	343
-11	0,451	4,6	65	42	2,429	24,8	352
-10	0,471	4,8	68	43	2,490	25,4	361
-9	0,491	5,0	71	44	2,552	26,0	370
-8	0,511	5,2	74	45	2,616	26,7	379
-7	0,532	5,4	77	46	2,680	27,3	389
-6	0,554	5,6	80	47	2,746	28,0	398
-5	0,576	5,9	84	48	2,813	28,7	408
-4	0,599	6,1	87	49	2,881	29,4	418
-3	0,622	6,3	90	50	2,950	30,1	428
-2	0,646	6,6	94	51	3,021	30,8	438
-1	0,670	6,8	97	52	3,092	31,5	448
0	0,695	7,1	101	53	3,165	32,3	459
1	0,721	7,4	105	54	3,240	33,0	470
2	0,747	7,6	108	55	3,315	33,8	481
3	0,774	7,9	112	56	3,392	34,6	492
4	0,802	8,2	116	57	3,470	35,4	503
5	0,830	8,5	120	58	3,549	36,2	515
6	0,859	8,8	124	59	3,630	37,0	526
7	0,888	9,1	129	60	3,712	37,9	538
8	0,918	9,4	133	61	3,796	38,7	550
9	0,949	9,7	138	62	3,881	39,6	563
10	0,981	10,0	142	63	3,967	40,5	575
11	1,013	10,3	147	64	4,055	41,4	588
12	1,046	10,7	152	65	4,144	42,3	601

Fonte: Carrier

ANOTAÇÕES

ANOTAÇÕES